U0462623

人体改造
是个人自由吗?

生命倫理のレッスン

[日]小林亚津子 / 著

禾每文 / 译

贵州出版集团
贵州人民出版社

SEIMEIRINRI NO LESSON by Atsuko Kobayashi

Illustrated by Toshinori Yonemura

Copyright © Atsuko Kobayashi, 2022

Original Japanese edition published by Chikumashobo Ltd.

This Simplified Chinese edition published by arrangement with Chikumashobo Ltd., Tokyo, through Tuttle-Mori Agency, Inc.

Simplified Chinese translation copyright © 2024 by United Sky (Beijing) New Media Co., Ltd.

All rights reserved.

著作权合同登记号 图字:22-2024-022 号

图书在版编目(CIP)数据

人体改造是个人自由吗? / (日)小林亚津子著;
禾每文译. – 贵阳:贵州人民出版社,2024.5
(Q 文库)
ISBN 978-7-221-18362-0

Ⅰ.①人… Ⅱ.①小…②禾… Ⅲ.①生命伦理学
Ⅳ.① B82-059

中国国家版本馆 CIP 数据核字 (2024) 第 102059 号

RENTI GAIZAO SHI GEREN ZIYOU MA?
人体改造是个人自由吗?
[日] 小林亚津子 / 著
禾每文 / 译

选题策划	轻读文库	出 版 人	朱文迅	
责任编辑	杨进梅	特约编辑	邵嘉瑜	

出　　版	贵州出版集团　贵州人民出版社	
地　　址	贵州省贵阳市观山湖区会展东路 SOHO 办公区 A 座	
发　　行	轻读文化传媒(北京)有限公司	
印　　刷	北京雅图新世纪印刷科技有限公司	
版　　次	2024 年 5 月第 1 版	
印　　次	2024 年 5 月第 1 次印刷	
开　　本	730 毫米 × 940 毫米　1/32	
印　　张	3.875	
字　　数	70 千字	
书　　号	ISBN 978-7-221-18362-0	
定　　价	25.00 元	

关注轻读

客服咨询

目录

前言

写作这本书的初衷，是为了给想要了解生命伦理学的各位提供一个探讨的平台，让大家能对"自己的身体、心灵和头脑"产生的伦理问题更加自由地展开思考。

我的专业是哲学和伦理学，平时的主要工作是为医疗、生命科学等相关专业的大学生讲授生命伦理学。不过，与其说是"讲授"，我觉得更像是和同学们一起"探究"。

◆ 什么是生命伦理学？

或许对于部分读者来说，"生命伦理学"这个词略显生僻。

所谓"生命伦理学"，是以"由人类的生命、高新医疗技术产生的伦理问题（用合乎道理的观点来思考何为正确）"为主要研究对象的科学领域。安乐死、尊严死、脑死亡，"生命"该以何种形式结束？抑或是体外受精、代孕、精子库等，人为操控"生命"的起始是正确的吗？通过人工授精技术出生的孩子会如何认知自己的身份？

像这样，对"生命"的开始和结束，即对生与死这两个对于我们人类来说无限深刻的问题进行的思考和研究，就叫作"生命伦理学"。

看到这里，不知大家是否会想：这看起来似乎很艰深，与我好像也没有太大的关系。

任何人都是通过出生来到这个世界，又因死去而从世上离开的。"生命"一定会有开始和结束，而我们在极为有限的"活着"的时间里，始终都是向死而生的。可以说只要是人，谁都逃不过面临生与死，以及围绕"生命"的开始和结束所出现的伦理问题。

在这些有关生死的"自然宿命"中，人类已经实现了对其在一定程度上进行人工干预的可能。

在当今的日本，每14个新生儿中就有一个是借助体外受精这种人类辅助生殖技术诞生的，"试管婴儿（体外受精婴儿）"已经不足为奇。在听我课的大学生中，每年都会有那么几名同学表示自己就是通过体外受精出生的。（数据引用自《每14个新生儿中有一个是体外受精婴儿……2019年新出生体外受精婴儿60598人，达到历年最高水平》，日本《读卖新闻》在线网，2021年9月14日。）

体外受精技术为生育困难的夫妇带来了福音，但同时，这项技术也催生了新的伦理问题。例如，一对男同性恋情侣将捐献者的卵子和自己的精子，通过体外受精的方式相结合，之后再将受精卵移植到代孕母体内发育、分娩。在这种情况下，谁才是孩子的父母呢？如果孩子遗传学上的母亲"卵子的捐献者"、生产孩子的母亲（代孕母体）和养育孩子的父（母）亲

（男同性恋情侣）都来争夺孩子的"抚养权"，应该判定谁来做孩子的"父母"呢？

再来看看生命的"结束"。在过去，死亡是自然发生、无法控制的。而随着医疗水平的提高，呼吸机、营养管、输液、胃造瘘、心肺复苏等技术的出现，使得死亡逐渐变得人为可控。当然，很多人的生命因这些技术被挽救。而另一方面，在利用医疗器械维持生命（做延命治疗）这种"前所未有的情况"出现的同时，也带来了"前所未有的伦理问题"。

在面对此类因技术进步而产生的问题时，如果对相关伦理问题的研究不能追上问题产生的速度，那么这些问题终会从医疗场景中扩散出来，渗透到我们更为熟悉的生活场景之中。

◆ 改造身体及头脑的增进性干预

在各位读者中，我想一定有人不喜欢去医院和见医生（我就是）。但是，如果告诉你只需做一个小小的手术、吃点药就可以"变美""跑得快""头脑变聪明"的话，大家又会如何选择呢？是不是一下子就觉得，医疗技术距离我们没有那么遥远了？

随着科学的发展，丰富多样的医疗技术已经不再局限于生命的"开始"和"结束"，以及对疾病的治疗等层面，而是正在迈向一个新的阶段。我们甚至可以利用这些技术"改造"自己的"身体"或"心灵"，使之更加符合我们的理想。

例如，越来越多的人选择通过美容整形改变自己的容貌，甚至有人会将自己整容的过程公布在视频网站上，运动员为了打破纪录而服用兴奋剂的事件屡有发生，年轻人使用"聪明药"已成为新的社会问题，等等。将医疗技术（手术和药物）用于"治疗"以外的目的，正逐渐成为现代社会的特征之一。

那么，一个人为了变得"更加漂亮""更加聪明"，而通过外科手术或药物"改造"原本健康的身体是可行的吗？

既没有生病也没有受伤，我们却要按照自己的意志，人为地改变自己的"身体"和"头脑"，这些行为能被容许到何种程度？

接下来，我们将对"增进性干预"所带来的伦理问题展开讨论，即用科学手段"改造""身体"和"头脑"是否可行。

增进性干预是指"超出了疾病治疗层面的医疗干预"，其英文"Enhancement"，原本的含义为加强、增强。简单来说，增进性干预就是为了塑造更美、更强、更有能力的人而进行的技术干预。即为了让我们的身体拥有普通水准以上的力量和能力，通过手术或药物等手段对其加以"改造"。

增进性干预是生命伦理学中一个全新的课题，近年来，社会对它的关注度正在急剧上升。

◆ 技术的两面性

在传统生命伦理学的研究中，主要的研究内容是在给生病的人进行治疗（包括人类辅助生殖技术）时所出现的伦理问题。增进性干预则是一个全新的范畴，因为它是为了让一个健康人"变得更好"，从而对其加以改造的行为。

例如，给因事故导致脸部受伤的人做整形手术，使其尽量恢复原来的外表，这是一种"治疗"，但在没有医学上的必要性的情况下，按照本人的意愿所做的隆鼻手术、双眼皮手术等就属于"超出了治疗范畴"的增进性干预。

又如，一个因重度近视生活十分不便的人，通过做眼睛手术来改善视力、提高生活质量，这也算作"治疗"，可如果一个视力本来就没有任何问题的人，为了在参加高尔夫等需要看清远方的比赛时比其他选手更有优势，通过做眼部手术获得超出常人的视力，这就属于"增进性干预"。

于是，这里就出现了技术两面性的问题。

在刚才的例子中，我提到了鼻子和眼睛的美容整形手术，我们发现，原本用于"治疗"的医疗技术如今也可以被用来做增进性干预。也就是说，同样一项技术既能用于治疗，也能用于增进性干预。

药物也是如此。例如，曾有报道称，原本用来给患有发育障碍的儿童提升专注力的处方药，却被作为"聪明药"给普通儿童服用。

而实际上，疾病和用药这两件事是没办法独立存在的。现阶段，发育障碍的诊断本身仍然存在争议，有些人不惜假装患病以不正当的手段获取治疗药物。

利用科学和医疗技术，让我们的身体、头脑和心灵变得更强大、更美丽、更优秀，到底能够被容许到何种程度呢？换句话说，这种对人的"改造"究竟是不是一件"好事"？如果一项技术被随意使用，又会如何改变我们的人生和我们所生活的社会、世界呢？

◆ 竞争社会与增进性干预——
是进化还是堕落？

在如今这个被称为竞争社会的时代，医疗技术的使用将不再局限于传统的疾病治疗，它正越来越多地出现在治疗疾病以外的场景中。

整容可以让人随心所欲地改变自己的容貌，兴奋剂可以让人提高肌肉和心肺功能、增强运动能力，聪明药有助于提升专注力、学习效率以及现场发挥的效果，等等。这些技术正在逐渐向我们的日常生活渗透。

请大家试想一下：如果现在你可以随意改变自己的身体、头脑、容貌，或者干脆直接将其换成完全不同的东西，那么你想变成怎样的自己呢？

假设通过技术的力量，世界上所有的人都能变得运动能力超群、头脑聪明，并且都像模特一样美丽的话，那将会是一个怎样的世界呢？我们每个人又将会拥有怎样的人生呢？

按照以往的文化和教育，我们默认如果想要提高自己的能力，一定是在与生俱来的身体条件（身体能力、认知能力等）下，通过个人的努力才能达成的。但是，当身体的能力和头脑的功能可以通过药物来增强（Enhance）时，这种"努力"便将丧失价值和意义。

大家来想象一下，届时将会是一个怎样的世界呢？

在这样的"未来社会"里，运动能力、认知能力等人类的各种才能将可以依靠金钱来获取，父母们大概也会努力给自己的孩子做这项投资。如果照此发展下去，那些想要让孩子知道"努力"的意义、期望孩子拥有更加丰富的人格，特意让孩子在"自然"状态下成长的父母也许会被周围的人指责："你为什么要让孩子吃这种苦？"

不完美、有不擅长的事、在逆境中奋斗，这些都是应该被规避的吗？

生活在这个世界上，每个人在一生中都会经历数不清的考验。这些经历会锻炼我们的人格，让我们成长。我们都是自己人生剧本的主人公，只有经历过痛苦才能与他人感同身受，在跨越逆境后才能学到更多东西、抓住新的机会。正是因为有这样的经验，我们的人性才能更加饱满，人格才会更加富有魅力。而我们"做人"的意义就在于此。

一个人本应凭借与生俱来的资质和个人努力谱写自己的人生史诗，如果一切都被生物技术所带来的"捷径"所取代，我们的人生观、价值观又会发生怎样的改变？全人类又将因此产生何种变化？而那些变化究竟是进步、进化还是堕落或退化？

增进性干预向我们抛出了一个根本性问题，即对人类或者对我们的人生来说，最重要的东西是什么？

人类将走向何方，我们又该做出怎样的选择，这是人类需要面临的终极问题。

现在，大家已经来到了一扇门的面前，门后便是一场旅行的起点。这是一场以我们的"生命和身体"为发端、以生命伦理为主题的宏大旅程。跨过这扇门，等待大家的是七名高中生。他们分别是阳葵、慧太、花铃、翔也、天也、智树、结羽。高中生们就本书的主要话题整容、兴奋剂、聪明药等展开了热烈的辩论。让我们听着同学们的对话，一起加入有关生命伦理的讨论中来吧。

本书的每节课程都独立存在，可以从任一章节开始阅读。大家可以先找到自己最感兴趣的主题，来看看这些高中生有怎样的见解。

在本书的最后，我专门设置了课外辅导环节，目的是和大家分享一下自己的过往和经历。包括当时自己的烦恼、自己想知道的事，还有希望别人对我说的话，这些都与本书的主题"增进性干预"有着脱不开的干系。希望那些和过去的我一样对生活感到"绝望"的人，能够通过对增进性干预的思考获得一些新的思路，让自己得到解放，不再被束缚。

第1课

———

整容是
"个人自由"吗?

为了让自己的外貌看起来更美，人们可以选择对自己的形体进行改造提升。在本节课中，我们将围绕这些问题展开思考。在日常生活中，我们会为自己挑选发型、服装饰品、化妆品等，用各种各样的方式增进干预自己的身体。

甚至有些时候还会改变和加工自己的身体，例如在耳朵或肚脐上打洞、文身等。为了变成我们"理想中的自己"，我们选择衣服、更换发型，而挑选的过程对我们来说也是一种享受。

本节课想要重点和大家讨论的就是"通过整容实现增进性干预"的问题。

近年来，很多人会在社交媒体上主动分享自己做整容手术的经历。看到这些信息后，人们对于整容的需求由此被激发，不少人会因此萌发出"我也想要通过整容变漂亮！"的念头。

那么整容究竟存在哪些伦理问题呢？它是否像化妆和穿衣一样，是个人能够按照自己的意愿自由体验的东西呢？

◆ "这不是我"

阳葵是一名14岁的中学生，是学校话剧社团的成员。为了让自己的演技得到提升，阳葵坚持每天跑步增强体力、认真做发声训练，并一点点在舞台练习中精进自己。在某次的演出彩排中，社团的伙伴对试妆后的阳葵说："阳葵，你化妆真漂亮啊！不过平时也不错啦。"阳葵嘴上说着感谢，心中却有一种说不上来的感觉。

青春期的孩子会比较在意自己的容貌，而阳葵甚至对自己的长相抱有极度的自卑感。阳葵尤其不喜欢自己的眼睛，她觉得和好朋友花铃那正统的双眼皮相比，自己的内双眼皮在人群中毫不起眼，也不会让自己的眼睛看起来有多大。在阳葵看来，如果能像舞台表演时化的妆那样给眼睛贴上双眼皮贴，自己的样貌差不多还能达到"一般人"的水平。但如果素颜去上学的话，总感觉提不起精神，会觉得"这不是我"。

每当想到这些，阳葵总觉得心里不是滋味，各种情绪交织在一起。

"干脆通过'微整形手术'做个宽宽的双眼皮，这样就能时刻保持漂亮了！""但是如果父母反对怎么办呢？'身体发肤，受之父母'，如果随意改造身体，肯定会被说不孝顺什么的吧。"

而且，整容手术不在医疗保险的范围内。整容手术的费用普遍比较高昂，对还是未成年人的阳葵来说，如果要做这类手术，必须要得到其抚养人——自己父母的同意。

"爸妈会同意我做手术吗？""如果我说手术费我可以通过做兼职来偿还，他们有可能松口吗？"

如果大家是阳葵的话，会怎么做呢？进入青春期后，伴随着身体的成长，自己的容貌和体形会逐渐发生变化，我们对自己身体的思考也会随之变多。

如果大家的朋友也像阳葵一样，告诉你自己打算去整容，大家会有怎样的感想，又会做出怎样的反应呢？会产生"我也想要整容试试！"的想法吗？又或者自己对整容这件事打心里就感到抗拒，那又是为什么呢？

另外，如果像阳葵一样想要整容的人越来越多，我们所生活的这个社会今后又将会发生怎样的变化呢？

◆ 整容"对不起父母"吗？

前文中我们提到，阳葵担心对自己的脸做加工是一种"不孝顺父母"的行为。也就是说，阳葵有这样一种感觉（道德直觉），那就是自己整容也许会对除自己以外的人（这里指的是自己的父母）造成消极影响。

阳葵曾和妈妈聊过觉得自己眼睛小这件事，妈妈当时是这么回答的："你的眼睛长得像爸爸。你爸从很久以前就因为这个觉得特别骄傲，说自己长得帅，女儿那么可爱都是因为长得像自己。反正妈妈觉得现在的你就已经很好了。"

其实在和妈妈说之前，阳葵的心里就已经有预感妈妈会这么回答了。接着，阳葵的心头不禁涌出一股愧疚感："如果我整了容，爸爸一定会很受打击吧。"

实际上，诸如"不能对不起父母""身体发肤，受之父母。一定要爱惜自己的身体"这些对于整容的抗拒感受，在上过我的课的大学生里十分常见。不仅仅是因为用整容来伤害（改变）身体的这个行为本身"对不起父母"，大家还担心，通过整容改变自己的容貌，是否会让父母觉得这其实也是对他们本人容貌的一种否定，就像阳葵所担忧的那样。

以前，我曾在电视上看到过这样一档节目：工作人员带着摄像机来到一名整容意愿十分强烈的女性家里做跟踪采访，这名女性的父母似乎并不赞同这件事。女儿表示，自己很讨厌这张像极了爸爸的脸。面对女儿的控诉，这名父亲一言不发、神情复杂。想必在父母看来，当女儿说要整容时，就等同于自己和女儿共有的身体特征被否定了。而从母亲的角度出发，她或许也不想让自己生的孩子觉得自己的身体不完美。

也就是说，从某一方面来看，我们实际上正在和别人（父母、有血缘关系的人）共享同一外貌或者身体特征（追溯到根本其实就是DNA）。可能有人会说"没有呀，我和家人长得一点都不像"，即便如此，我们也会和别人"共享"特定的肤色或相貌，就像"人种"和"民族"一样。换言之，我们的身体同时也代表着一种身份（自己究竟是谁），例如"我是某某家的孩子""我是东方人"等。（有关"作为身份的身体"，我们在后面的内容中还会有更详细的介绍。）

那么在这里就会产生一个问题：阳葵必须要一直顾及父母的感受，终身不整容吗？

◆ 我们不能自我地活着吗？

的确，刚出生的孩子是那么脆弱，如果没有父母（养育者）的保护根本无法生存。对孩子来说，父母是给予他们生命、养育他们的"恩人"。但是，孩子终究会产生自我意识，以一个完全与父母不同的独立"人格"生活下去。

一个成长为独立个体的人，开始违背父母的意愿寻找"自我"，为了追求自己的幸福而生活，这难道是要遭到批判的吗？

其实，每次我在大学课堂上提起此类有关亲子关系的问题时，都会引起大家的热烈讨论。有很多学生甚至不满足于仅在课堂上探讨，课后也会来找我讲述自己和父母之间的问题。

"我（女学生）爸妈一直都想生个男孩，
所以从小他们就把我当作男孩来养，把我打扮成男孩子的样子。即便到了现在，每当我穿着女生的衣服或化妆时，就会遭到父母的冷眼相待。"

"我的父母都是医生，从小他们就告诉我，我长大后也要当医生，而且一直逼着我学习。但其实，我更喜欢文科类的专业。因为压力过大，我在读高中时出现了心理问题，并因此住院了一段时间。从那之后，我完全丧失了学习动力。果不其然，高考时我没有考上任何一所大学的医学专业。我现在的专业是××，父母对此非常不满。我不知道自己现在这样是不是正确的，每天都很焦虑。"

或许这两个案例稍微有一点极端，但我想大家应该都有过类似的经历吧。因自己无法成为父母所期待的样子而感到自责、痛苦，想要逃离，而不是一直顺从父母的期望。想要活出自我，不断与自己心中"对自由的向往"作斗争。

当然，与父母相处融洽的同学也大有人在。（我担心有些读者在看了上述的案例后会反驳说"世界上并不全是那种父母"。）即便如此，父母是否会赞同自己的孩子做整容手术，还是另当别论。

说起来大家可能会感到震惊。在韩国，当孩子考入大学后，作为送给孩子的"升学礼"，有些父母会特意出资让孩子去整容。所以说，不同的国家对整容这件事的看法也不尽相同。

假如父母告诉你，"如果整容能让你幸福，我们会支持你的"，那么整容就不存在任何伦理问题了吗？

◆ 整容是"个人自由"吗？

"哇——好漂亮的夕阳！"

"真的。好漂亮啊！"

走出教室后的阳葵和花铃看着天空不禁发出了如上感叹。浅蓝和橙黄的巧妙融合把天空染成了美丽的渐变色，两个人沉醉于逐渐淡去的日色与晚霞的短暂合奏。

在放学回家的路上，阳葵和花铃两个人就整容的话题聊得正投机。

花铃　喂，你有没有看××（名人）的整容照片？整容前后的变化真的好大，据说是做了埋线双眼皮（一种无须将眼皮切开的双眼皮整容手术）和开眼角手术（一种让眼睛变大的整容手术），眼睛直接变大了一倍！

阳葵 没错没错！整容前后完全就是两个人。

花铃 我是不是也该把什么部位"整一整"呢？拿着自己喜欢的明星的照片，告诉大夫"我想变成这种感觉"什么的。

阳葵 哇，还可以那么做吗？

花铃 是的。有名的视频博主的视频里面有讲哦。阳葵有什么想整的地方吗？

阳葵 我嘛……我可能会整眼睛吧。总贴双眼皮贴太麻烦了。可是我又不想被人说是"整出来的"什么的，比较在意周围人的看法，会忍不住想东想西。

花铃 啊？没关系的。等上高中后，你就去做兼职存钱。只要用自己的钱去做手术不就好了吗？其他的不都是阳葵自己的自由吗？整容这件事又不会给他人造成什么困扰，完全看自己的心情。我就很想整整看，阳葵整完以后一定要告诉我哦。不过，说不定我会比你先整呢。（笑）

阳葵 嗯、嗯，很有可能哦……

阳葵听着这些话，总觉得哪里不太对劲。

说起来花铃本来长得就很可爱，所以她根本没必要特意去整成另一个样子……而且花铃还说，要不要整容完全是个人自由，果真如此吗？

我想在各位读者之中，应该也会有人这么想吧。

"既然是人家自己想整容，又有什么问题呢？""不管是为了消除自卑感，还是想要变成'理想中的自己'，只要是本人愿意，那就可以整啊""价值观因人而异，选择以怎样的外貌生活，都是'个人自由'"，等等。

当今社会，人们可以随心所欲地改造自己的身体。在脸部或身体上文身，使自己看起来宛如一只豹子。又或者，在舌头上穿孔、把舌尖分成两瓣。有人甚至在头皮中植入硅胶，在头上做出一个"角"……即便在大多数人看来，经过这些改造后的外表也许有些"脱离人类"，不过，这些都是人展现自我的方式，怎样改变是个人自由，别人无权干涉。

而这样的思考方式，恰好与现代社会的自由主义思潮不谋而合。

自由主义社会的基础伦理观认为："①一个拥有独立判断能力的成年人；②在不对他人造成危害的情况下；③有权随意处置；④自己的生命、身体、财产等所有属于'自己的东西'；⑤即便处置结果与本人的利益是相悖的。"（出自加藤尚武的《现代伦理学入门》第5页，日本讲谈社。）也就是说，只要是"有判断能力的成年人"，他就可以说："我不会给任何人添麻烦，就让我为所欲为吧。"（当然，如果是未成年人，就需要征得监护人的同意。）

当前，整容还不受法律限制，是否要整容完全依靠个人的判断。或许，整容是少数被社会接纳的增进性干预之一。

◆ 如果整容变得司空见惯

不过，我们现在需要重新考量。

我们真的可以把整容算作一种"个人自由"而就此画上句号吗？一个人整容，是否真的不会对其他任何人造成影响？

比方说，当阳葵还在犹豫要不要去整容的时候，班级里就已经有一两个同学开始做"微整形"了。等再注意到的时候，班级里甚至有一半以上的人都多多少少做了"整形"，而且大家还很开心地聊着有关整容的话题。

直到有一天，好朋友花铃也去整容了，并且问阳葵："你为什么不去整容呢？"

在这种情况下，阳葵是否会产生"我也得去整容了"的想法？于是，阳葵也去整容了。而其他人在看到阳葵整容之后，不免也会产生"我也得整容了"的念头。这是一种连锁反应。即便他们或她们个人对整容这件事有抵触，但当整容变成一种"正常""理所当然"的行为后，如果自己不去做反而会感到不对劲。

也就是说，一个人接受整容手术不单纯是一种个人行为，实际上它还会或多或少地影响其他人"不整容的自由"。

而且，如果年轻人整容成为一种"理所当然"，社会中就会滋生出这样一种风气——"让孩子整容是应该的"。而为孩子的容貌投入资金也会慢慢被当成是"父母的义务"，就像美国的牙齿矫正一样。那么这时，就要轮到父母们被责问了："你为什么不让孩子整容呢？"

◆ "我想变成日本人那样的脸"

现在，让我们来看另一个案例。

这是出现在国外电视剧《整容室》(Nip/Tuck，美国) 中的一个故事。一名男子为了和心爱的女性结婚，得到女性父母的认可，向医生提出了面部整容的需求。他同时接受了整形外科医生和心理医生的问诊。男子一脸急切地说道："求求你，帮我整成日本人的脸吧！"

男子是一个美国人，他担心女友的父母会因为他的肤色和长相而不同意他们的婚事。因为女友一家是日裔美国人，他们至今都无法原谅曾经迫害过自己祖先的白人。听到男子的陈述后，医生们哑口无言。

在这种情况下，我们是否可以认为他的整容是一种"个人自由"呢？也就是说，男子是为了和心爱的人结婚才选择做整容手术的，对此我们能够毫不犹豫地说出"怎么想是他的'个人自由'，想整就整吧"这样的话吗？

想要通过整容来消除自己身体的人种特征，这可以算作"个人行为"吗？请大家抽出时间来，一边回忆我们在前文中提到的"作为身份的身体"，一边思考这里存在的问题是什么。

◆ 人为打造的灰姑娘幻想

还有一件事情令阳葵难以释怀。

一天晚上，吃过晚饭后的阳葵、哥哥慧太和妈妈一起在客厅看电视。电视上正在播出《整容灰姑娘选拔赛》的决赛，进入决赛的5位"灰姑娘"讲述了她们关于自己容貌的苦恼以及对整容的渴望。阳葵目不转睛地看着画面，不由得想：现在的她们真是光彩夺目！

这时，慧太冷冷地说道："怎么说呢，我不太欣赏这种做法。"

听完哥哥这句话，阳葵倍感扫兴，刚刚那份难得的感动顿时荡然无存。她不满地反驳道："是吗？我觉得很好啊。大家都变得那么漂亮，终于可以得到幸福了。"

"你不觉得大家的脸看起来都差不多吗？"

"是这样没错……可整容就是这样啊。大大的眼睛，高挺的鼻梁，这样就是好看啊。大家只不过是离理想中的自己更近了而已。"

"没有吧。我觉得无论是你刚刚说的理想中的自己，还是美丽的标准，都很难用同一套标准去衡量。"

慧太继续说道："而且呢，每个人在整容之前的经历都不一样，仅仅改变容貌就能让所有人都幸福吗？我对此表示怀疑。这难道不是美容业精心打造的'灰姑娘故事'吗？我才不相信只是整下容就能改变一个人的人生。"

听到这番话后，阳葵犹如遭遇当头棒喝，不由自主地说道："不，才不是那样！哥哥的心眼儿真是太坏了！"

这时，妈妈拿着餐后甜点走了过来。高脚玻璃器皿里是切得很漂亮的苹果。妈妈劝道："好啦好啦。慧太你不要再说了。快来吃苹果。"

《整容灰姑娘选拔赛》的参赛者是一群因自己的容貌烦恼、受伤，但梦想通过整容变得更漂亮，进而改变自己人生的女性。

在迪士尼所描绘的《灰姑娘》（和原作童话故事的情节稍有不同）中，主人公灰姑娘通过"魔法"的力量，找到了自己一直认为遥不可及的理想和幸福。灰姑娘是所有历尽艰辛，最终获得幸福的女性的象征，也是一个成功励志故事的代名词。

而"整容灰姑娘"指的则是这样一群女性：她们通过整容这一"魔法"从难以忍受的痛苦现实中挣脱，最终穿着水晶鞋跟随变美的自己走向梦想中的华丽世界。只是，这次"魔法"没有变幻出礼服、马车和仆人，而是改变了她们的"身体"。如愿拥有了理想中的"身体"的灰姑娘们，伴着被授予的"水晶鞋"迈出了幸福的第一步。

进入决赛的选手自豪地微笑着，闪闪发光的皇冠和高跟鞋，则是她们自信的象征。

◆ "大家的脸看起来差不多"

还记得刚才慧太说的话吗？"大家的脸看起来差不多。"

时代对"美丽"的定义，确实都带有当下那个时代和社会背景下的特点。服饰、化妆、发型有一定的流行趋势，而且大家都在追赶"看起来差不多"的潮流。例如，我们在时尚杂志和理发店的发型册上，会经常看到"长相一样"、着装相似的模特们。

在我们目之所及的媒体和美容行业的广告里，通过整容获得理想外表的女性看起来是那么光彩夺目。

虽然每个人对自己的身体不满意的地方千差万别，但看看那些通过整容"变漂亮"的女性，无一例外都是尖下巴、大眼睛、高鼻梁。人们似乎认为，某一类相同的身体特征才叫"漂亮""美丽"。

就像慧太指出的那样，如果"美丽的标准"和"理想"都用"同一套标准衡量"，大家不觉得奇怪吗？

古今中外，人们对美的定义形形色色。例如在日本的平安时代，肤白、丰满、眼睛细长被认为是终极的女性美（小野小町[1]就是典型的例子），拥有这种体态的人又被叫作"天平美人"。如果那样的"天平美人"穿越到了现代，听说双眼皮大眼睛和结实苗条的身材才叫"美丽"，她一定会大吃一惊吧。

◆ 整容能让一个人变得幸福吗？

还有，"仅仅改变容貌就能让所有人都幸福吗？"这一点也确实不得不让人怀疑。

按照阳葵看得十分入迷的《整容灰姑娘选拔赛》的描述，一个人过去因自己的外貌产生了心理创伤和自卑感，在做了整容手术后，她便可以从这些痛苦的枷锁中解脱出来。整容手术的广告中，常常会配合一

1　日本平安时代（794—1192）初期的女诗人。相传是一名样貌出众的美女。本书脚注如无特殊说明均为译者注。

些极富戏剧性的故事。

整容后的人们个个神采奕奕，她们向世间宣告，要把过去失去的时间和人生都找回来。仿佛并非出自本意的容貌掩盖住了她们自身的光芒，而整容让这些光芒重新得到了释放。出现在镜头前的女性容光焕发、开朗积极，看起来充满了生命力。

像这样，如果看到有人可以通过整容让自己生活得更积极、更幸福，那此刻想要整容的人也许就能说出"我觉得很好啊。大家都变得那么漂亮，终于可以得到幸福了"这样的话。

然而，这一点却经常受到大学生（听我课的学生）的批判。

"我认为'只要整容就能改变自己的人生'，这种想法太偏激了。难道只要变美就能解决问题吗？我倒是觉得，整容反而会让人忽视自己真正的问题。"

这个评价是相当辛辣呀。

换句话说，整容是否真的可以成为一种解决问题的方法，大家对此表示怀疑。

现在，我来介绍几个来自大学生的观点，大家一起来看看吧。

　　"我认为，那些执着于整容的人，只要遇到什么不顺利的事情，便会把责任都推卸到自己的容貌上，而没有去面对自己真正的问题。"

的确，修饰容貌、精心打扮能够让我们更有自信、心情更加愉悦，自己的QOL（生活质量、人生质量）也会有所提高。只要穿戴上喜欢的首饰、崭新的衬衫，涂上新推出的眼影和唇膏，就能让我们的心情高涨、莫名兴奋。化妆和穿衣打扮确实有这样的效果，因此便有人认为，整容其实和化妆没什么两样。

　　可是，只要外表美丽，人生就会幸福吗？我们必须要考虑到，自己过去人生中的苦恼是否都能因此得到解决。

　　　　"我在想，一个整容的人的内心世界是怎样的呢？如果问题出在心里，那么即便是整了容、改变了外表，内心世界的芥蒂仍旧无法消除。"

　　或许，一个人曾因外貌之外的问题（家庭关系、朋友关系等）在不知不觉中产生了某种心结，但他却把这种心结和别人对自己外貌的指点联系在了一起。在这种情况下，整容能改变的只有外表，内心的创伤并不会得到治愈，而是会继续伴随着他。而且，如果真正的问题一直没有被解决，他的生活就会一直被一些莫名的痛苦所困扰。

　　这个观点不免让人心头一颤。

◆"真实的自己"不值得
被爱吗?

同样辛辣的观点还有很多,让我们来听听同学们
是怎么说的。

> "想通过整容改变自己的容貌,也就代表
> 着'现在的自己是差劲的',这难道不是一种
> 自我否定吗?我觉得,只要存在这种情绪,本
> 人就永远无法获得'幸福'。为什么不去爱和
> 接纳'真实的自己'呢?"

只是这么看可能有点不好理解,现在我来给大家
举个例子。

在刚才提到的电视剧中还有这么一个场景,画面
中是一名美容整形医院的医生和他的女朋友(约会对
象)。在两人互相凝视的时候,医生不由得犯起了职
业病。他站在穿衣镜前问女友:"带口红了吗?"接
过口红后,医生便开始在她的脸上和身上涂画了起
来。"把鼻子垫高一点,再把这里的斑点祛除,胸部
从这里植入硅胶……"全部画完以后,他微笑着对女
友说,"好了,这就是问题所在。"女友垂头丧气地嘟
囔道:"我有那么丑吗?"(后来,女友因为"想要变
得完美",便在男友的美容整形医院做了整容手术。

出自美剧《整容室》。)

大家多少都能理解这名女性失落的心情吧？无论是谁，当被别人（特别是所爱的人）批评自己的容貌时，都会感到非常受伤。虽说是职业病，但这个男医生未免也有点太不体恤他人了。

不过对想整容的人来说，他们不就是这么对待自己的吗？因为他们认为自己并不"完美"。

有的人还会全盘否定自己，甚至产生这么一种愿望，就是把现在的自己不喜欢的、自己所有的特点都换成别人的（崇拜的人或动漫人物等）。对于抱有这种偏执想法的人来说，帮他们如愿完成整容是一名医疗从业者最好的选择吗？而整容后的当事人，又会发自内心地觉得"幸福"吗？

其中，也有些陷入无尽的自我否定中无法自拔的人（整容成瘾症）。

有些学生还认为，如果不能直面当下"真实的自己"、接纳自己，有意识地寻找自己的长处，努力提高自我认同感，就永远不可能过上真正积极向上的人生。

◆ 并非个人自由，
而是来自美容业的信息引导？

如果是花铃，她也许会这样说："即便如此又有什么关系呢？整容是我的个人自由，完全看自己的心情。"话说回来，人们之所以想要去整容，真的是一种"自由的"主动选择吗？

在前文中慧太曾提出这样的观点：通过整容就可以让人变得幸福，这根本是美容业"精心打造的'灰姑娘故事'"。事实上，"通过整容终于获得幸福的灰姑娘"这种故事确实是美容业（其实就是某几家特定的美容外科诊所）编造出来的。他们的目的就是抓住观望者的心，进而让大家产生"我也想整容！"的冲动。没错，其实这种故事本身就是一种"广告"。那么，当我们看到这种"广告"而产生"我也想要！"的冲动时，有没有必要怀疑一下这是不是广告主的信息带给我们的"印随效应"呢？

有观点认为，那些产生"我也想要！"的冲动、渴望整容的人，他们对美的强烈欲望难道不是被"广告"煽动出来的吗？难道不是被美容业、医药业和媒体等一手操纵的吗？"只有这样的容貌才是美丽的、值得称赞的，只有这样才能获得幸福"，人们被这样的信息反复洗脑，最终被美容行业和相关人员利用，从而获取巨大的利益。（关于这点，在女权主义等领域也有诸多讨论。）

像这样被别人驱使着去整容的人，真的是"自由"的吗？即便本人并无察觉，我想其中或多或少都会受到"他人的支配"吧？

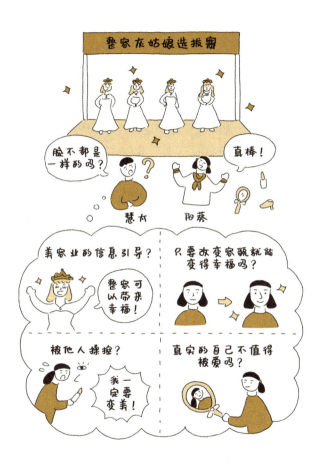

33 　　　　　　　　　　　　第 1 课　整容是 "个人自由" 吗?

◆ 判断能力的判断——
"我没疯！"

在前面的内容中，我们提到了自由主义社会的伦理观。他们认为：只要是一个"拥有独立判断能力的成年人"，"在不对他人造成危害的情况下……有权随意处置"。如果按照这个逻辑，整容是否也可以说"我没给别人添麻烦，不要管我"？整容真的是一种可以算作"个人自由"的行为吗？而且，大家所认为的"个人自由"真的是"自由"的吗？对此我也尝试进行了思考（这个论点我会在最后一章的课外辅导中重新展开论述）。

关于自由主义的伦理观，我还有一个想要与大家探讨的话题，那就是如何界定一个人是不是"有判断能力的成年人"。

在包括美容整形外科在内的医疗领域中，"判断能力"是指一个人在面对攸关自己"生命或身体"的问题时，能够做出决断的能力。想要准确地做出决断，势必需要一个人具有一定程度的理性。

大家知道吗，有些美容诊所会雇用全职的精神科医生。在接受外科医生的问诊之前，先由精神科医生对顾客的需求和背景情况进行问询，以判断这个人是否真的需要外科治疗。

也就是说，精神科医生会对顾客进行"判断能力的判断"（又被称作"胜任力评价"）。

如果顾客患有某种精神疾病，或想要整容的理由过度缺乏理性，精神科医生有权拒绝为其实施整容手术。在医疗领域，医生拒绝为患者提供治疗在法律上是被禁止的。但对消费者来说，整容手术大多不具有紧急性和医学上的必要性，所以并不受此限制。甚至从医学角度来看，整容手术更有可能对消费者本人的身体造成不利影响。

对想要整容的顾客来说，如果自己的诉求遭到拒绝，势必会非常愤怒。他也许会说："我是正常的。我没疯！"

如果大家站在精神科医生的立场上，又会如何处理这种情况呢？

例如，一个患有多重人格障碍的顾客，他的其中一个人格想要整容，而其他人格并不希望这样做，那么你会同意为他做整容手术吗？又如，一个十分崇拜迈克·杰克逊的人，为了和偶像变成一样的面容，试图通过手术把自己原本健康正常的鼻子做成朝天鼻；一对长得一模一样的同卵双胞胎说："我不想被别人认错！我要改变自己的脸和身体，展现自己的个性。"遇到这些情况，大家觉得让他们整容是"好的"吗？

我们又该对这些人的判断能力做出怎样的"判断"？这是一个十分难以解答的问题。

在一般的医疗场景中，根据医生的诊断和对检查数据的分析，可以在一定程度上客观地推断患者所罹患的疾病。其治疗方案也是程式化的，而当存在多种治疗方案时，则可以根据患者的意愿或对患者生活质量的影响程度进行灵活选择。但不管是哪种方案，它们的目标始终只有一个，那就是治愈疾病和伤痛。这一点是不言自明的。

而对整容的"诊疗"情况要复杂得多，顾客（请注意，不是"患者"）有着怎样的希冀、"想变成什么样"，大家的目标形形色色，而且极其主观。

美容诊所的医生必须这样询问初次就诊的顾客："请问您对自己的哪个部位不满意呢？"

想变成自己喜欢的虚拟偶像，想在求职活动中更具优势，想变成与名人一样的面容……除了本人之外，任何第三者都很难对这些愿望和价值观做出客观的评价并与之共情。

当顾客提出一些令人难以理解的需求时，如果医生给出"没必要整容""你会后悔的"等反馈，试图打消其整容的念头，或是直接拒绝为其实施整容手术，这些都很容易被认为是践踏自主决定权而遭到批判，并被扣上"父爱主义（paternalism）"的帽子。（"父爱主义"是指第三者自认为为了当事人的利益，从而不顾本人的意愿，对本人的决定或行为进行干涉的行为。就像父母给因不愿意打针而哭闹不止的孩子强行打预防针一样。在现代自由主义社会中，对成人施以"父爱主义"的行为，很容易被认为侵犯个人自由或自主决定权。）

"'整容灰姑娘'是美容业编造的谎言"，慧太的话在阳葵的脑海里挥之不去。那种"耀眼的光芒"难道都是假的吗？说不定美容业的人真的都是"魔法师"呢？

当阳葵伸手去拿玻璃盘中的最后一块苹果时，却被慧太抢了个先。慧太的脸颊被苹果塞得鼓鼓囊囊的，说道："吃完苹果就赶紧去睡觉吧，灰姑娘。"

阳葵和妈妈异口同声地反驳道："吃苹果的是'白雪公主'吧！"

第 2 课

———

兴奋剂为何被
禁止使用?

这节课，让我们来就发生在运动场上的增进性干预展开思考吧。

假如你想提高自己的身体素质，"想跑得更快""想变得更强""想要刷新纪录"……如果现在有一种手段可以帮你实现这些，那一定会显得非常有魅力吧。

为了破纪录、得奖牌，运动员每天都会使用各种各样的方法来提高身体素质。当然，坚持锻炼肌肉、跑步、合理饮食、服用营养剂等都是增强体力的有效方法。但更能吸引我们注意的是使用药物对体力进行的增进性干预，也就是兴奋剂。

生活中，我们时常能看到，运动员因被查出在奥运会上使用违禁药物而被剥夺奖牌的新闻。在美国职业棒球大联盟（MLB）赛事和自行车赛的顶级赛事"环法自行车赛"等职业比赛中，参赛运动员使用药物曾一度成为人们热议的话题。["环法自行车赛"中的超级明星兰斯·阿姆斯特朗的兴奋剂丑闻曾轰动一时。有兴趣的读者可以观看电影《瞒天计划》（*The Program*）。] 不过话说回来，为什么社会不赞同通过使用药物来提高身体素质呢？换句话说，为什么使用兴奋剂（用药物进行的增进性干预）会受到谴责呢？

◆ 遭到质疑的冠军

翔也是一名高中一年级的学生，非常擅长短跑。大家对翔也寄予了厚望，期待有一天他能成为学校田径部的王牌选手。翔也的优势是"不怕雨"，不知为何，他总是能在下雨天跑出好成绩。朋友和前辈们经常对翔也说："下雨天的比赛完全就是翔也的专属比赛啊。"

"因为我受到了雨之女神的眷顾，嘿嘿。"

不过，翔也最近正在因为跑步成绩遇到瓶颈而苦恼。虽然每天早上都努力做自主训练，但就是达不到预期的效果。

"也许这就是所谓的智尽能索吧……"就在翔也束手无策的时候，他突然想到：要是吃点药物什么的，情况会不会有所改变呢？

哥哥天也和翔也在同一所学校，现在读高中二年级，是一名举重运动员。翔也半开玩笑地问："哥，你有没有想过用药物来提高举重成绩？"听到这句话，天也的表情瞬间严肃起来，说道："如果这样做，不就等同于辜负了支持我的人吗？正好我刚看完电影《瞒天计划》，你也去看看吧。"说完天也便把DVD递给了翔也。天也紧接着又叮嘱道："你好好想想吧，真的有必要为了取胜做到这个份上吗？"

看完电影后，翔也备受冲击。EPO（促红细胞生成素，违禁药物的一种）、血液回输（血液兴奋剂）、利尿剂（可稀释尿液中的违禁药物，以通过药检），顶级运动员（电影中的）为了赢得比赛已经做到这种地步了吗？不过，虽然比赛成绩最终作废，但他们在过去一段时间里确实也曾是国民英雄呀。

这时，"毫厘之差"这几个字从翔也的心中一闪而过，这是翔也之前在某本书上看到的词语。对运动员来说，严格的训练当然不可或缺，是每个人的必经之路。"遭到质疑的冠军"在训练时更是会付出超乎常人的努力。然而，能否在比赛中获得奖牌，决定成败的就是这细微的"毫厘之差"，于是他们不惜为此服用"药物"或进行"血液回输"。也就是说，使用"兴奋剂"未必是为了逃避训练，对吗？

不过，翔也现在还是不太能理解，归根结底，为什么用药物进行增进性干预会受到如此强烈的谴责呢？

◆ 因"伤害原则"遭禁止的运动

在前一节课中我们提到，生命伦理学的基础之一自由主义的伦理观认为："①一个拥有独立判断能力的成年人；②在不对他人造成危害的情况下；③有权随意处置；④自己的生命、身体、财产等所有属于'自己的东西'；⑤即便处置结果与本人的利益是相悖的。"

我们还了解到，在伦理学中关于整容存在诸多争论。"整容是我的个人自由"，整容是否会对他人造成消极影响（危害）？整容真的是出于"个人自由（自主决定）"吗？以及应该如何"判断"一个希望整容的人是否有"判断能力"？等等。

那么面对运动场里存在的问题，自由主义又有哪些看法呢？

自由主义中存在这样一种思想，简单概括即"能够对一个人的行动自由加以限制的只有伤害原则（因为会造成伤害，所以需要禁止）"。

因此，当某项运动有可能给参赛者带来危险时，按照自由主义的观点，无论是对他人造成危害还是对个人造成危害，从任何一个角度出发，都可以考虑用法律禁止这项运动。

例如在古罗马，剑客与剑客，或者剑客与猛兽之间的格斗表演是被严令禁止的。可如果剑客本人表示"我想与之决斗"，因为这毕竟是一种"个人自由"，那么大家认为这种行为就应该被容许吗？可是，如果用真正的剑决斗，一方剑客也许会受致命伤，抑或是被猛兽杀害。想到剑客将要面临的风险，大家应该就不会觉得"观赏"这样的表演是一种享受了吧。

在类似的争论中，还有一个大家比较熟悉，那就是拳击比赛是否应该被废除的问题。拳击比赛的规则中，明确要求参赛者须击打对手使其受伤或昏迷。击打有可能会给参赛者带来脑部损伤，选手在比赛中或比赛后丧命的事故时有发生，也有些人会患上"拳击手痴呆症"（慢性创伤性脑病）。所以人们认为，拳击是一项风险很高的运动，严重威胁着参赛选手的生命和身体健康。

不过，与古罗马的格斗表演不同，拳击的目的并不是要置对手于死地。而且比赛会按照体重来划分等级，这也是为了避免体形悬殊的选手重伤对手的可能性。但不管怎样，如果拳击手听到有人说"拳击太危险了，应该禁止"，他们反而可能会觉得这是"多管闲事""父爱主义"。

在处理有关兴奋剂的问题时，同样可以套用伤害原则。所以我们认为，禁止使用药物方面的"个人自由"是合理的。

然而，使用兴奋剂是否可以被视为一种"个人自由"，或是完全可以自主决定的问题，这一点尚不明确。

◆ 无关个人自由，
而是规则的约束

现在让我们以毒品为参照再来思考一下。

如果有人想要吸食毒品，他的这种自由是不被容

许的，因为毒品在刑法中是被严令禁止的。"放弃吸毒，还是放弃做人？"就像这句标语一样，它想要告诉人们的是：毒品会给吸毒者的人生带来毁灭性的伤害（危害自我），还会给周围的人带来不幸，成为滋生社会黑恶势力的温床（危害他人）。对触犯了禁毒法的人，依照刑法会予以逮捕，并进行相应的处罚。

与之相对，兴奋剂类药物的使用并不受法律的管制。

与毒品和危险的体育运动不同，兴奋剂被认为不会对他人造成危害或不会产生过度的自我危害，所以在法律中并没有针对性的相关规定[2]。

因此，现在的自由主义社会认为，个人出于兴趣使用兴奋剂来改造自己的身体没有任何问题。只要不是刑法禁止的药物，个人不管是获取兴奋剂类药物，抑或是用它来增强改造自己的身体，都属于"个人自由"。

如果个人只是出于兴趣而服用EPO等兴奋剂，无论是从刑法还是社会舆论的角度来评判，都是被允许的。服用EPO的人既不会被逮捕，也不会被谴责，更不会受到刑事处罚。

---

2 2020年12月26日，第十三届全国人大常委会第二十四次会议通过了《刑法修正案（十一）》，明确将引诱、教唆、欺骗、组织、强迫运动员使用兴奋剂的行为规定为犯罪。本书所说的"法律"均指日本国内法律，与我国法律不完全相同。——编者注

禁止使用兴奋剂是体育比赛的规则之一，在这种场景下，使用兴奋剂便会成为问题。

例如，在本节课的开头提到的电影《瞒天计划》中，主人公和团队成员所使用的EPO，即便没有医生的处方也能在药店轻松买到。决心服用兴奋剂的团队成员们一同向药店走去，他们一边在内心犹豫，一边故作镇定（为了不让人察觉自己想要购买兴奋剂），试图从店员那里购买EPO。药店店员或许已经发现了他们的不自然，但把EPO卖给对方后，店员并没有选择报警。因为法律并没有禁止服用EPO。

只有在设置了禁止使用兴奋剂规则的竞技比赛中，服用EPO才会成为问题。

赛后，在采访取得了傲人成绩的选手时，很多记者提出了如下问题："请问你有使用兴奋剂吗？"当时立即否认的"遭到质疑的冠军"，后来还是承认了自己曾服用兴奋剂的事实，社会上对他的谴责随即扑面而来。

但在那之后，他既没有被警察逮捕，也没有因为药物依赖被强制住院治疗。因为他仅是违反了自行车比赛的游戏规则，却不是一个触犯法律的人（罪犯）。他所违反的不是刑法，而是禁止使用兴奋剂（EPO等）的比赛规则。因此，对他的惩罚不是刑事处分，而是被驱逐出该项赛事。

于是，当被问到"为什么不能使用兴奋剂"时，便可以这样回答："因为比赛规则禁止使用兴奋剂。"

虽然使用兴奋剂这件事本身并没有受到法律的限制，但只要参加禁止使用兴奋剂的比赛，兴奋剂就是一个"不可触碰的禁忌"。

那么，为什么在体育比赛的规则中会有"禁止使用兴奋剂"的规定呢？

在这里，让我们把个人出于兴趣使用兴奋剂类药物属"个人自由"当作前提，用伦理学的观点重新思考，为什么在体育比赛中禁止"兴奋剂使用自由"。

◆ 只要不使用药物就没问题？

除了使用兴奋剂类药物，能够提高（增强）运动员身体素质的方法还有很多。例如，最基本的严格控制饮食、更有效的训练，还有非处方类营养品的摄取，甚至是外科手术，途径繁多。

说一个广为人知的例子，某位著名职业高尔夫球手在做了激光视力矫正手术后，视力得到了极大的改善。自此之后，这位球手在比赛中屡屡获胜。考虑到这位球手的视力本来就很差，所以如果我们把那场激光手术当成一种"治疗手段"，大概率就不会对这件事产生反感。但是，若是他通过手术获得了比普通高尔夫球手更加优越的视力，那么这次的手术是不是就可以算作一种不正当的增进性干预呢？（也许在不久之后，参赛规则中就会增加相应的约束条款，让借助激光手术获得超出"正常"水平以上视力的选手无法参赛。）

还有，大家如何看待高原训练呢？高原训练是运动训练的方法之一，通过长期在空气稀薄的环境中训练，提高运动员心肺功能。很明显，这也是一种增进性干预。高原训练的经费开支较大，在一些经济发达的国家，运动员才有条件在这种特殊的环境下生活、训练。训练中，运动员们的身体会承受比在一般环境里更大的负荷，进而激发出身体的潜能。但是，很少有人会指责高原训练是"投机取巧""不正当"的行为。

再或者，使用先进的仪器和测量设备进行高水平的肌肉锻炼，穿着采用前沿技术制作的运动装备（跑鞋、快速泳衣等）参加比赛，这些又如何呢？工具的革新，其实也是一种有效激发身体能力的增进性干预。

例如，撑竿跳高运动中所使用的撑竿，最初用的是由冷杉等树木制作的木质竿。后来，竹制竿成为主流，撑竿跳高的世界纪录也因此被刷新至原来的二倍。而后，碳纤维和玻璃纤维材质的撑竿普及，使撑竿跳高的世界纪录更上一层楼（装备材料能够对比赛成绩产生如此大的影响，在所有田径项目中也是绝无仅有的）。

除此之外，针对体育运动的增进性干预还有很多。比如，利用特定的饮食方法有效摄取营养，补充营养剂和蛋白质，使用氧舱消除疲劳，等等。只要资金足够，这些方法都可以用。那么在此类提高身体能力、增强体力的增进性干预中，为什么只有依靠药物进行的干预在体育运动的比赛规则中是被禁止的呢？

如果大家之前想说"服用兴奋剂肯定不行"，那么现在请重新问一下自己，为什么你会觉得"不行"呢？

在反对药物增进性干预的理由中，比较常见的有以下三点：

1 药物有害身体健康（安全性）。

2 依靠药物赢得比赛是一种投机取巧的行为（公平性）。

3 依靠药物取得的胜利是否有价值？认为这种胜利既不能感动观众，又会损害运动员个人的主体性和自尊（主体性）。

那么，大家最赞同哪一个理由呢？还是说哪个都不赞同呢？

接下来，让我们进行更深一层的挖掘。

◆ 因药物有害身体健康而被禁止？——东德兴奋剂事件

首先，让我们来看一下"1药物有害身体健康"，从"安全性"出发提出的反对意见。

的确，使用兴奋剂对运动员的身体带来的影响不容忽视。即便兴奋剂不因会给人造成"过度的自我危害"而受到法律的管制，无端使用兴奋剂类药物也会给运动员的身体造成各种各样的恶劣影响。

现实中，不仅发生过现役运动员因使用兴奋剂致死的事故，而且运动员在退役后，还要面临以低下的生活质量度过漫长第二人生的风险。

关于这一点，最具有冲击性的事件，当数发生在东西方冷战时期东德女子运动员身上的故事。当时，女运动员在奥运会中为东德取得了大量金牌。特别是在游泳和田径项目上，更是屡次刷新世界纪录。对于这一历史性的壮举，几乎全世界都为之沸腾欢呼。但同时，她们的活跃表现也引来了质疑的目光。

而当年的影像资料至今还在流传。视频中，脖子上挂满了奖牌的女运动员们正在笑着接受记者的采访。乍一看，这是一个光彩夺目、无比自豪的采访现场，但在听到运动员们的回答后，记者以及电视机前的观众全都露出了惊讶的神情。令人吃惊的不是她们回答的内容，而是她们那如同男性般低沉的声音。

后来世人才知道，运动员们被卷入了一场由国家一手策划的兴奋剂阴谋中。东德科学家研制出了可以提高身体素质的新药物。他们想方设法躲过药检，最终让运动员服下了这些药物。

而运动员并不了解真相。她们只是被教练等人告知"这种药能让身体更加强壮""大家都在吃"，于是便乖乖服药。

实际上，她们当时吃下的那些药物会影响性激素的分泌。女运动员在用药后，除了声音会变得像男性一样低沉以外，身体还发生了其他异常变化，并出现了各种各样的健康问题。

十几岁的女运动员正值身体生长发育的高峰期，兴奋剂使她们体内的激素严重失衡。在退役后，她们刚一停止服药，便患上了抑郁症，而且身材和面容也越来越像男性。她们已经很难再以女性身份在社会中生存，有些人甚至因此做了变性手术。为了适应社会，不得已改变自己的性别，这给人造成的精神痛苦，我想是任何语言都无法形容的。

最终，因兴奋剂受害的前运动员们向国家提出了控诉。但即使获得了赔偿金，她们的身体也无法恢复原状。这些运动员终生都要承受身体不适带来的困扰，而且她们再难以女性的身份在社会中生存，生活质量恢复无望。

◆ 除药物外的其他增进性 干预难道就对身体无害吗?

看到这里, 可能有的读者会觉得"药物真的太可怕了""对身体不好, 那肯定不行"。但是, 如果从对身体的影响和安全性来看, 药物以外的增进性干预也存在着极大的风险。

例如, 一名美式足球运动员为了增加体重、塑造魁梧的身躯, 每天大量摄取食物。对此大家又如何看待呢? 每天肆无忌惮地吃芝士汉堡也许可以让身体变得强壮, 但在退役后, 运动员的运动量骤减, 肌肉量也会随之减少, 这样很容易出现健康问题。

类似的还有相扑力士。为了增加体重, 力士们有一套与普通人相去甚远的特殊饮食法。从医学角度来看, 这种特殊的饮食方式会给力士的身体带来极大的负担。在现实中, 有的力士会因此患上糖尿病, 而糖尿病会引起失明、心脏病等并发症。不仅生活质量降低, 严重时还会危及生命。

让我们再来看看健美运动员。肌肉健硕的健美运动员看起来身体十分强壮, 但是, 过低的体脂率会让人的抵抗力下降, 更加容易患上风寒感冒。有些运动员更会因为肌肉失衡, 长期被腰痛折磨。

综上所述, 不良的饮食方法和过度的训练等, 也会给运动员的身体带来严重的不良影响。这样一看,如果仅仅因为"对身体有害"而不能使用兴奋剂，这个理由显然难以立足。同样对身体有害，兴奋剂不能用，但特殊的饮食方法和严酷的肌肉锻炼就可以被容许，我对此表示不解。

如果仅仅是考虑安全性问题，那么随着科学技术的进步，"安全的药"，也就是既能增强体力，又对身心完全无害的药迟早会被研发出来。到了那一天，这个问题不就迎刃而解了吗？

大家是否觉得，即使对身体无害，依然不能允许在体育比赛中使用兴奋剂呢？这是因为除了"安全性"，还存在其他原因。

◆ 依靠药物赢得比赛是一种投机取巧的行为，所以不能被容忍?

接下来，让我们再来讨论一下"2 依靠药物赢得比赛是一种投机取巧的行为"这条意见。如果用伦理学的语言来描述这句话，那就是使用药物"违反公平原则"。

也许我们出于直觉会这么认为，利用药物等生物技术来提高赛绩是一种"投机取巧"，是不公平的。

如果要主张这一点，那就有必要问一问大家，难道体育运动真的都是公平的吗？避开兴奋剂不谈，在运动员所处的环境中，各种各样的不公平可谓无处不在。

大家都知道，体育事业耗资巨大，培养运动员需要庞大的资金支持。现在，职业运动员和业余运动员之间已几乎没有差别，为了在奥运会上树立国家威信，每个国家都会想尽办法来增强选手们的实力。尤其是冬季运动，光是为运动员提供练习环境和用具就需要高昂的费用。能在冬季奥运会上获得奖牌的，基本都是富裕国家的运动员。大家认为这是公平的吗？而在夏季奥运会中，参加射击等项目的也几乎都是发达国家的选手。能拿奖牌的都是富裕的国家，而没有能力投入资金培养运动员的国家，连站在舞台上的机会都没有。

从上述情况可以看出，体育比赛的成绩同时也能反映出一个国家的经济水平。国家之间的经济差距本身就是不公平的，我们认为这种经济上的不公平也会波及体育界。可是，我们却很少听到有人指责"净是些富裕国家（赢得比赛）。只有他们有能力花钱培养运动员，这也太狡诈了"。

然而，想要比赛在所有条件都公平的条件下进行，这是十分不现实的。大家都知道，选手的身体情况、心理状态、天气等因素，都会对比赛成绩造成不小的影响。就像擅长在雨天跑步的翔也，对他来说，天气条件就是一个影响成绩的要因。如果在比赛当天碰巧下着小雨，而翔也取得了冠军，那么会有人抱怨说"翔也可真狡诈"吗？比赛不会因为一些条件对某个选手有利，就不认可他的成绩。

因为在体育运动中，并不是所有的不公平都必须要用规则加以禁止。我们更应该思考的是，哪些不公平需要用规则禁止。

各个国家的经济水平有差距，导致运动员的训练条件也存在差异，而体育运动的规则中并没有禁止这种差异。体育运动的规则并不是要用条款来排除掉所有的差异（不公平）。相反，体育运动是一种利用比赛规则所允许的差异（身体状况、精神状态、天气、练习环境等）一决胜负的游戏。

◆ 体育的魅力在于让人获得成就感和自信

除了安全性和公平性，使用药物进行的增进性干预还存在一个根本性的伦理问题。在揭露这个问题之前，让我们再来听一听翔也和天也的对话。

😊 翔也　如果只是因为药物对身体有害，或用药是投机取巧的行为，就被比赛规则明令禁止，总觉得有些牵强。我不禁会想，如果是对身体没有害处的药物就可以使用了吗？而且，虽说用药是投机取巧，但其实，在所有条件都公平的情况下进行比赛，这件事本身就不可能实现。比如我自己，当我在雨天的比赛中获胜时，也没见有人说"这么被雨之女神所偏爱，翔也太狡诈了"。

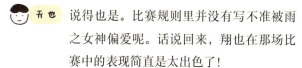

开也 说得也是。比赛规则里并没有写不准被雨之女神偏爱呢。话说回来，翔也在那场比赛中的表现简直是太出色了！

翔也 当时我在跑的时候，背后仿佛在被人推着一样，脚底无比轻盈。有那么一瞬间，我甚至觉得，自己不会可以飞吧！

开也 看得人特别激动！我记得当时大家都疯狂了，都在为你欢呼。

翔也 那天，我觉得自己过去的努力发挥出了150%的效果，自己都想表扬一下自己。这是我长这么大以来第一次有这种想法。

开也 能够让人获得成就感和自信，这就是体育的魅力所在。不过，兴奋剂的出现，又会给运动带来很多伦理问题吧。

翔也 怎么说呢？

开也 运动本是一种人类凭借个人自然习得的能

力展开较量的游戏，但是兴奋剂却会破坏运动的根本，把它变成另一种东西。未来，运动说不定就从人类比拼自然能力的游戏，变成评定兴奋剂效果的药物品鉴会，又或是科学家的成果展示大会了。那还能叫作运动吗？即便通过某些特效兴奋剂取得了比赛的胜利，恐怕观众也不会被打动。我想，选手本人应该也不会发自内心地感到高兴，更不会产生获胜的成就感吧。

嗯，没错。如果我靠兴奋剂赢了比赛，自己应该也不会太开心，也不会因此获得自信。

所谓体育，就是运动员依靠自己锻炼出的自然才能相互竞争的比赛。在运动场上，我们可以看到很多有关成长和拼搏的故事，运动员和观众一同收获感动。可一旦有了药物的加入，运动的魅力就会大打折扣。人们对运动员的崇拜，以及运动给人带来的乐趣，这些好像都会消失不见。

是的，体育竞技就是一场充满戏剧性的游戏。曾经，我一度因成绩没有长进而烦恼。我拼命地鼓励自己，家人和朋友们也一直默默地支持着我。现在回想起来，也许正是因为有这些经历，最后我才能取得胜利。

 我认为，运动员向着胜利努力拼搏的过程也属于比赛的一部分。同样也是因为如此，体育比赛才具有超越了结果的趣味性和魅力，深深地吸引着观众。

◆ 用药物进行增进性干预 损害运动员的主体性

两个人刚刚所谈论的，其实正是第3条，有关主体性的问题。

前文中我们提到的东德的退役运动员（成为国家兴奋剂阴谋牺牲品的女运动员们）在接受某节目的采访时这样说道：

"让我们感到痛苦的不仅仅是自己的健康受到伤害，更是因为获得的金牌并非出自自己的实力。"

运动员们本以为一切都是自己不懈努力、坚持训练的结果，她们本可以发自内心地感到自豪，直到国家的阴谋被揭穿。知道真相的那一刻，她们的自尊心受到了巨大的打击。她们也许会想，自己过去的努力有什么意义呢？自己难道只是科学家们的实验品和提线木偶吗？

确实，正是因为觉得是靠自己的能力赢得了奖

兴奋剂 为何被禁止使用？

安全性

➡️ 有害身体健康

大量进食　　过度锻炼

不安全的不只是药物吧？

无也　　翔也

公平性

➡️ 投机取巧

训练环境

或许在体育运动中，并不是所有的不公平都必须要用规则来禁止吧？

主体性

➡️ 无法获得自信和成就感

科学家的成功　　　　　自己的成功

运动的魅力难道不是在于向着胜利努力拼搏的过程吗？

牌，我们才会获得自信和成就感。

　　人类拥有自主性（决策和行动的自由），与 AI（人工智能）和机器人不同。这在伦理学上被称为"自律"。这种自律以及人类独有的主体性和自由，是全体人类的尊严之所在。

　　如果人无法按照自己的意志行动、靠自己的努力获得成功，而是被药物改造了身体，变成科学家的提线木偶，人的主体性就会消失。也就是说，这个人丧失了遵从自己的意志做决定的自由和尊严。上文女运动员们的话所要表达的，就是这种痛苦。

　　虽然药物可以提高人类的身体能力，但运动员们也因此失去了自由、主体性和自尊心等人类珍贵的特质。

◆ 奥运会将变成科学家的
　成果展示大会？

　　虽然在目前来看，这还只是句玩笑话，可一旦兴奋剂在运动场上肆虐横行，那么运动也就无异于杂技表演。由此我设想，运动会最终会沦为科学家比拼生物技术的竞技场。

　　在东德的兴奋剂阴谋中，科学家为了研发出可以躲过药检的药物，可谓绞尽脑汁。吸引世界关注的似乎是"这次会有什么药呢"这种科学技术层面的问题，而非运动员本人。这样一来，奥运会的主角就不再是运动员，而会变成科学家和他们研发的药物。我想在不久的将来，运动员就会彻底丧失主体性，沦为科学家的机器人，而奥运会也会变为科学家的成果展示大会。

届时，体育比赛的观赏性和趣味性想必也会大打折扣。观众再也不会被比赛打动，再也看不到运动员成长和拼搏的故事，同时也再难对运动员产生敬意。

◆ "厚底跑鞋"是物理兴奋剂吗？

翔也向哥哥说出了自己的疑问。

翔也 如果使用药物在体育比赛中是违规行为，那么在田径比赛中穿的跑鞋我们又该如何看待呢？虽然每个人都有"适合自己的鞋子"，但耐克的"厚底跑鞋"好像可以大幅提高跑步的成绩，这种鞋过去曾在国际比赛中引起了不小的风波。"厚底跑鞋"不也是一种增进性干预吗？甚至有人把厚底跑鞋叫作"物理兴奋剂"。我想知道，穿着这种鞋参加比赛会违反体育精神吗？它和药物型兴奋剂又有什么区别呢？

问得好。真是太有意思了！这个问题老师之前教过我们。体育运动中存在的由增进性干预带来的问题，大多拥有相同的逻辑。只要从安全性、公平性、主体性三个维度同时展开推敲，其中所隐藏的伦理问题很快就能浮出水面。

比如备受争议的"厚底跑鞋"和"快速泳衣"等，工具的革新其实也是一种有效激发（增强）身体能力的增进性干预。问题在于，身着这些装备或工具参加竞技比赛在伦理层面是否存在问题。

正如天也刚才所说的那样，现在让我们从安全性、公平性、主体性三个方面，来论证这些工具是否存在伦理问题吧。

首先来看安全性。穿着"厚底跑鞋"，是否会给运动员本人的身体健康造成威胁，给运动员带来在比赛中发生事故的隐患？

 和药物不同的是，穿厚底跑鞋不会有什么副作用。因为鞋子并不会直接让人的身体发生改变，可以被看作一件装备。而药物则会进入人体内，让一个人在肉体上产生变化，所以药物就不能算是装备。因此我认为，二者的区别在于对健康的影响和使用方法两点。

 开也　确实也可以这么说。不过，根据鞋子性能的不同，有的鞋子也会给运动员的身体造成负担吧。

 翔也　怎么理解呢？

 开也　当然，我举的例子可能有点不太恰当，你还记得《名侦探柯南》里柯南穿的"脚力增强鞋"吗？这种鞋的工作原理是，通过电流刺激足底神经，使肌肉的力量在一瞬间发挥到极致。这股强大的力量超越了人体的极限，无疑会给脚部造成负担，增加受伤的风险。所以这种鞋就和药物无异，会对人的身体造成不良影响，存在一定的危险性。可是厚底跑鞋与之不同。当然，在穿厚底跑鞋的初期，由于身体还不习惯，有可能会导致穿着者跑不稳或者摔倒等，但这并不是特别严重的伤害。

 翔也　原来是这样！

那么从公平性层面来思考，结果又会如何呢？穿着"厚底跑鞋"参加比赛算是一种"投机取巧"的行为吗？

不知大家对前几年热议的"快速泳衣"是否还有印象。快速泳衣的价格高昂，而且是一次性的，不能二次使用。因此，对经济条件没有那么好的运动员来说，也许根本就没有机会使用这样的泳衣。不过相比"快速泳衣"，"厚底跑鞋"要好得多。一双厚底跑鞋的价格在3万日元（约合人民币1600元）左右，并不是那么遥不可及。

那么，厚底跑鞋的问题出在哪里呢？

这时，和翔也同一社团的同学智树来家里玩了。让我们听听新加入讨论中来的智树是怎么说的吧。

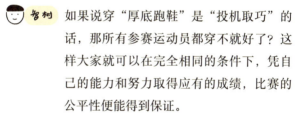

如果说穿"厚底跑鞋"是"投机取巧"的话，那所有参赛运动员都穿不就好了？这样大家就可以在完全相同的条件下，凭自己的能力和努力取得应有的成绩，比赛的公平性便能得到保证。

 嗯，的确。

在古代奥运会中，运动员们一丝不挂，裸身参加比赛。因为当时的比赛重视的是依靠个人与生俱来的才能一较高下。当然，赛跑运动员也都是光着脚完成比赛的。或许，穿鞋在过去也被视为一种"玷污比赛的作弊行为"，第一个穿鞋参加跑步比赛的运动员也

曾因此受到谴责。

但是，大家如果像现在一样都穿着鞋跑步的话，跑鞋不仅不会"玷污比赛"，反而会让运动员之间的表现差异（谁是赢家）更加显而易见。

厚底跑鞋也一样，如果大家在争夺"谁是赢家"时穿的都是这种鞋，那么这场比赛就不存在问题，公平性或许就能得到保证。

可是，如果把使用"厚底跑鞋"写进比赛规则里，那么对适合穿薄底跑鞋和穿不了厚底跑鞋的运动员来说，也许就会变成一项不利因素。

最后是<u>主体性</u>。关于这一点我们需要思考的问题是，假如穿"厚底跑鞋"参加比赛的运动员获得了冠军，我们可以说他是凭借自己的实力赢得的比赛吗？

 翔也 我倒觉得，挑选装备也属于实力的一部分。因为能够找到适合自己的装备并非易事。就像棒球运动员，他们也会斟酌自己最适合使用怎样的球棒或手套吧。同理，对能够自信地说自己适合穿"厚底跑鞋"的选手，我也不会去质疑他们的做法。

 智树 没错。田径运动员确实会在挑选跑鞋上费一番功夫，看看自己最适合哪种。有的人还会和跑鞋厂商合作，为自己量身定制鞋子。只要规则允许，根据自己的喜好选择装备就不能算违背主体性原则吧。

开也 话说回来，随着技术的进步，出现功能性更好的产品本来就是一种自然规律，过去的纪录也会因此被不断刷新。

智树 就像撑竿跳，与使用竹制撑竿的时代和使用纤维材质撑竿的初期相比，如今的撑竿跳纪录刷新了不知多少倍。

◆ 这可以当成一种享受吗？

在之前的内容中，我们对运动规则为何禁止使用兴奋剂进行了诸多思考。思考主要围绕这三个关键词展开：安全性、公平性、主体性。

如果兴奋剂只是在运动规则中被禁用，那么我们修改规则，直接把比赛分成"允许使用兴奋剂的比赛"和"禁止使用兴奋剂的比赛"两个种类的话，又会是怎样一番景象呢？在这种情况下，参加"允许使用兴奋剂的比赛"的运动员自愿使用兴奋剂，当然不构成任何问题。

一个周日的午后，柔和的阳光把人照得十分舒适。来到客厅的翔也，发现哥哥天也正窝在沙发里专心地看着手机屏幕。

"在看什么呢？"翔也一边说着一边凑了过去。屏幕里，肌肉健硕的健美运动员正在自信地展示着自己的身体。翔也心想：老哥对肌肉也太痴迷了。

"哇，好厉害……这是健美大赛吗？"

"嗯。是健美界的顶级赛事，奥林匹亚先生健美大赛！"

看着铜浇铁铸、肌肉已"超脱凡人"的健美运动员们接连登场，翔也突然想到了什么："难道说……"

翔也想起，自己看过第一届"奥林匹亚先生"的照片，当时健美运动员的身体看起来好像更加"自然"。而这场比赛的每位健美运动员都拥有非常强壮的肌肉，与以往相比简直不可同日而语。

"莫非……"面对翔也的提问，天也面无表情地回答："这个嘛。"

"什么，这样做没问题吗？"

"比赛规则当然是不允许的，但也并不会严格管制。"

"难道就没有人批判这种行为吗？"

"其实观众都知道。大家在观看比赛时反而还挺享受的，包括我。"

"这居然是可以拿来享受的吗？！"

第3课

"聪明药"会让"你"
不再是你吗？

慧太正在读高中二年级，是学校科学社团的成员。之前，在一所大学举办的名为"驾驭风的力量！"的活动中，慧太和大学生们一起体验了制作气垫船。从那之后，慧太便彻底迷上了制作。他尤其喜欢制作交通工具，最近正在制作依靠静电马达驱动的车，以及依靠风力驱动的风帆车。将来，慧太想考工科大学，梦想有一天能开发出让人类的生活更加便利、更加舒适的交通工具。

　　慧太想报考工科排名比较靠前的公立大学，但看到模拟考的成绩后，发现自己数学和物理的分数不甚理想。慧太暗下决心，必须在高考之前把这两科的成绩提上去。

　　"我的数学和物理真的太差劲了。"

　　慧太双肘撑在餐桌上嘀咕着。妹妹阳葵听到后打趣他："哥，有视频博主上传了考生专用食谱，说是多吃鱼会让人变聪明哦。"

　　"不要烦我啦！只靠吃饭能有多大用处呢？"

　　"我知道了！难不成你是在打那个东西的主意？我看最近很多高中生都在说。"

　　"……没错啦，就是那个东西。正好别人给了我几片，我要不要吃吃看呢。"

　　"那可是药啊，会对身体不好的吧？不知道有没有副作用。"

　　"我听同班的那帮家伙说，少吃一点是没有问题的。据说吃这个能让头脑变得清晰，学习时注意力更加集中。我在学习不擅长的科目时，真的特别容易走神。"

"吃那种药参加考试，不会违反校规吗？"

"根本就没有那样的校规。"

"你俩，快来帮忙端盘子！"妈妈隔着厨房的料理台向两人喊道。"来啦！"慧太和阳葵异口同声地应着，从椅子上站起身来。

今天晚上的主菜是：竹荚鱼生鱼片、炸秋刀鱼和梅香沙丁鱼。

晚饭过后，一家人正准备享用餐后甜点。在往桌子上摆放蛋糕盘时，阳葵禁不住又打开了话题。

"哥，可是你不觉得，学习吃那种东西和运动员吃兴奋剂很像吗？不是有人还管那个东西叫'大脑兴奋剂'吗？总觉得吃那个是一种作弊行为。"

"才不是作弊！即便是吃了那个，实际学习的也还是我自己啊。不过，如果是从提高复习和考试效果这一点来看的话，那个东西和兴奋剂确实有相似的地方……"

慧太稍作思考后继续说道：

"但是，如果提高复习效率或让考试时超常发挥算是一种'增进性干预'的话，那上补习班什么的也是一样的吧。学费高昂的补习班，靠关系才能聘用上的金牌家庭教师，普通人家的孩子根本没有机会接受这样的辅导，这些难道就是公平的吗？"

"还有小卖部里售卖的'提升记忆力口香糖'，吃这个应该也是'增进性干预'吧。"阳葵说道。

"就是说。吃那种口香糖和吃那个东西又有什么区别呢？"

这时，爸爸走了过来。他一边往杯子里倒咖啡一边说："要是这么说的话，能提神醒脑的咖啡又如何呢？"

接着，爸爸又若无其事地补充道："不过我喝的这杯是无咖啡因的咖啡哦，因为现在是晚上了。"

大家知道慧太和阳葵所说的"那个东西"是什么吗？没错，这是一种能够"让人变聪明的药"，俗称聪明药。使用聪明药可以提高学习效率或让人在考试时超常发挥，算是一种"让人变聪明的增进性干预"，也就是"增强认知能力的增进性干预"。那么在本节课中，让我们一起来讨论一下有关聪明药的问题吧。

◆ 什么是聪明药？

所谓认知能力，是指可以通过智商（IQ）测试等数据化的知识水平和思考能力。学校考试和其他应试考试所测验的都是认知能力。一个人很"聪明"，就代表这个人有着高水平的认知能力。

那种声称能够让我们的认知能力超出一般水平的、"让人变聪明的药"，就是聪明药。近年来，聪明药颇受人们关注。

聪明药又被叫作"大脑兴奋剂"，有保健品也有处方药，种类十分丰富。聪明药会作用于脑部，使大脑内的多巴胺等神经递质类物质增加，最终获得提高专注力的效果。据说，服用这类药物可以大大提高考试复习时的学习效率。在美、英等国家，很多年轻人都在吃聪明药，其中有想要提升考试成绩的中学生，也有大学生等。而在日本的校园中，聪明药似乎也已经开始出现。

最初，这类药是医生开给患有ADHD（注意缺陷、多动障碍）的孩子服用的处方药。对患病的孩子来说，服用具有觉醒作用的精神药物可以让他们在写作业时更加专注，学习成绩和社会适应能力也能得到改善。

但进入20世纪后，这类药开始被用于除医学治疗以外的场合。为了提高学习效率，在工作和研究中有更好的表现，很多身心健康、无须任何医学治疗的学生和成年人纷纷开始使用这种药。

几年前在日本，处方药"专注达"曾可以在没有处方的情况下从网络上买到，越来越多的个人通过网络从海外购入这种药品。面对这种情况，日本厚生劳动省于2019年宣布正式将"专注达"列入限制进口名单。

◆ 改造大脑会危及人性的尊严吗?

和兴奋剂一样，很多增进性干预都存在相同的问题逻辑。

现在，让我们同样从3个角度来尝试剖析，使用聪明药在伦理上是否正确。

1 **聪明药的副作用和成瘾性有害健康（安全性）。**
2 **通过使用聪明药在考试中拔得头筹是一种投机取巧的行为（公平性）。**
3 **借助药物的力量提高学习能力让脚踏实地的努力失去价值，让人无法获得成就感。而且，聪明药发挥药效时和没服药时的巨大落差，会给服药者带来无尽的痛苦。对"我就是我"的信念和自我同一性，都会产生威胁（人性）。**

其中，只有第3条的维度与兴奋剂有所不同。兴奋剂思考的是"主体性"，而这里要就"人性"进行讨论。人性中不只有努力的价值和成就感，还包括自我同一性和自我认同感，即知道"我就是我"、什么是"真正的自己"。人们谴责聪明药破坏了人类本应有的样子，这里所提到的人类的本性，也属于人性的范畴。

聪明药的独特之处在于，它会对人类进行"大脑的改造"。之前我们所讨论的整容和运动场景中的增进性干预，都属于身体层面的改造。然而，服用聪明药却涉及对我们的大脑和心理进行人为干预。

兴奋剂除了会让运动员的肌肉增强、运动能力提升，很难让本人的人格发生改变。说到底，兴奋剂影响的是人类的身体，而不会改变当事人的头脑和性格等（当然，说不定有人还会因此变得更加自信、更加顽强）。

那么，聪明药又如何呢？如果告诉你某种药可以"改造大脑"，大家觉得服药前的自己和服药后的自己是"同一个人"吗？

那如果把聪明药换成大脑芯片呢？如果有人告诉你，将这个芯片植入大脑一定能提升你的"脑力"，你会毫无抵触地将芯片植入大脑吗？与身体改造不同，改造大脑会让人产生根本上的疑问和情感上的排斥。我们会担心自己的人格同一性和作为人本应有的样子受到威胁、自己的"人性"受到威胁。

在这里，我要提出两个有关"人性"的问题：第一个是，聪明药是否会破坏"努力的价值"和"成就感"这两个对于人类来说无比珍贵的东西；第二个是，使用聪明药是否会影响我们对"我就是我"的信念，对人类的自我同一性和自我认同感造成威胁。

◆ 聪明药的力量是虚假的？
让努力失去意义？

如果有人说聪明药会威胁我们的"人性"，那其实是在批判：即使通过聪明药提高了认知能力，那这种能力也是人为的，是虚假的，并不是这个人的实力。

那么，什么才是真正的实力呢？当我开始思考、试图定义它的时候，才发现这并非易事。有句话说"运气也是实力的一部分"，不可否认，当我们在发挥自己的力量时，确实经常会受到偶然因素的影响。

不过，虽然没有一个清晰的界限来划定何为实力，但如果一个人想要提高某方面的能力，必然离不开自己的努力。比如，克制自己不去玩耍，努力学习，坚持不懈地攻克费解的难题，等等。从某种意义上来说，考试是对努力的一种评价。

一般来说，对在考试中取得优异成绩的人给予褒奖，并不单纯是因为这个人的能力强，也是对他们肯花费时间付出努力习得知识的认可。可是，如果服用聪明药变得正规化，那么服药后取得的好成绩究竟算是本人努力的结果，还是药物发挥的作用？这实在是不好判断。

换句话说，聪明药一旦普及，"努力的意义"对人类来说是否就不复存在了？这一点值得怀疑。

渐渐地，父母或许也不会再对孩子说"快去学习"，取而代之的是"快去吃聪明药"。

我非常喜欢漫画《龙樱》（三田纪房著，日本讲谈社出版），里面描绘的是一群经济条件或学习能力垫底的学生，在听了主角樱木老师的话后，从自暴自弃中走出来，勇敢与逆境对抗、奋力追赶的故事。漫画里，学生们等待东京大学考试成绩的桥段着实令人捏了一把汗。但在此之前，他们坦然面对自己的脆弱，从困难中不断吸取教训和经验，最终发起了反击。大家努力拼搏的样子深深地吸引着我。从高中生们展现出来的毅力和勇往直前的斗志中，我感受到了一种崇高的、一种关系到我们人性根本的东西。我想，这就是人类的强大之处吧。

如果聪明药"让考试变得简单"，那种考生们只有在发觉自己的不完美后，在逆境中才能被激发出来的"灵魂的光辉"，将再难被人看到。而且就连我们自己，恐怕也会失去展现人性光辉以及拥有精彩人生的机会。

◆ 对大脑进行增进性干预与自我认同感

现在，让我们来讨论另一个有关"人性"的问题：作用于大脑的聪明药，是否会影响我们对"我就是我"的认知，对人类的自我认同感造成威胁。

阳葵 总觉得作用于大脑的药物好可怕啊。如果大脑发生了变化，那一个人的人格也会改变吧。就像《献给阿尔吉侬的花束》里讲的那样。

慧力 哦，这本书我看过，是朋友推荐的。描写的是一个年轻人通过手术增强了认知能力（指IQ）的故事，看完之后我还挺感动的。原本患有认知障碍的主人公，在手术后变得非常聪明，和之前判若两人。但与此同时，他也开始理解过去自己身上为什么会发生那些事情，他为此感到烦恼，也懂得了什么是爱、恨、孤独。

阳葵 没错。身边的人看主人公的眼神都变了，谁都没办法再像以前那样对待他。就连他的家人也对他感觉很陌生。

慧力 而且，因为智商的改变，他对别人和世界的看法也发生了变化，甚至是过去的自己，在他看来也仿佛和自己无关。

阳葵 和故事中的手术不同的是，聪明药只是在药物发挥作用期间才能提高人的智力。那也就是说，药效越好，吃药和不吃药时的落差感就会越强。这种落差感无疑会给人带来很大的痛苦。

慧力 嗯。吃药时的自己和不吃药时的自己，究竟哪个才是"真正的自己"呢？如果长期吃聪明药的话，这个问题就会越来越难搞清楚吧，自己仿佛被撕裂了一般。

阳葵 当一个人吃完聪明药变聪明后，那他是不是就不再是原来的他了？

慧力 那如果通过上补习班变得更有智慧了，他的人格会改变吗……想不通。

　　可能有人会觉得，一个人才不会仅仅因为头脑变好就变成"另一个人"的。不过，认知能力不单纯只是人类的一种能力，它还与人类最根本的东西——人格同一性（自我认同感）有着十分密切的关联。

◆ 改变认知能力，
会让自己变成另一个人吗?

为了弄清认知能力的变化与人格同一性之间的关系，我们可以想象一下阿尔茨海默病的发展过程。

阿尔茨海默病患者的大脑会慢慢丧失认知能力。大家或许都看过讲述患病女主人公慢慢忘记自己恋人的电影或电视剧。故事中，主人公最初只是有点健忘，然后渐渐开始忘记自己家人和恋人的名字，到最后，干脆连爱人和孩子是谁都不知道了。在身边的人看来，主人公已经"丧失了人格"，"她不再是她"。

其实也就相当于，主人公不再具有人格同一性和自我认同感。而从患者本人的立场来看，她也一直在与"我将不再是我"的恐惧作斗争。

由此我们可以看出，认知能力的改变（这里是指认知能力下降）会导致"人格的丧失"，威胁到一个人的人格同一性，让自己不再是自己。认知能力与一个人的自我认同感有着十分密切的关联，认知能力的快速变化可能会改变一个人的人格。

◆ 聪明药会把我们变成另一个人吗？

那些通过服用聪明药迅速提高能力的人，对自己能力的颠覆性改变，想必也会感到困惑，或者陷入身份认同的危机中吧。

就像刚才慧太和阳葵所说的，聪明药的药效越好，吃药和不吃药时的落差感就会越强。这种落差感是否会给服药者带来痛苦？

还有，慧太和阳葵还提到了一本叫《献给阿尔吉侬的花束》（*Flowers for Algernon*，丹尼尔·凯斯著）的小说，大家知道这本书吗？这个故事在日本曾两度被改编成电视剧。

主人公查理·高登是一个智商只有6岁的低智能者，他即将接受一场"智商提升手术"。不过，这种手术在当时仅在动物实验中为一只名叫阿尔吉侬的小白鼠做过。手术的效果十分显著，加上查理本就是一个非常勤奋的人，在查理的努力下，他的认知能力日益提高。后来，他变成了一个智商超越常人的天才。

随着认知能力的提高，查理对自己、对他人、对世界的看法也发生了很大的变化。想到过去在自己有认知障碍时，周围的人对待自己的方式、说过的话、母亲的抛弃，查理开始感到愤怒、痛苦。查理悲叹着，为过去的自己感到不堪。查理渐渐变得暴躁并陷入了无尽的孤独中。终于有一天，先于查理做手术的阿尔吉侬开始出现异常，故事的走向也由此迎来转折。

手术前的查理、手术后变成"天才"的查理，以及认知水平再次变低的查理，这看起来像是三个"完全不同的人"。认知能力的急剧变化，是否会改变一个人的感受性和人格呢？

如果答案是肯定的，那么具有增强认知能力功效的聪明药，同样可能会造成类似的变化。

于是，反对使用聪明药的人提出了如下疑问：吃聪明药是否会改变考生的人格？通过服药认知能力得到快速增强的人，会变成"另一个人"吗？

◆ 学习新的经验和知识
也可以让我们发生改变

　　另一方面，如果不是借助药物或手术，而是通过上优质的补习班，或是请实力出色的家庭教师来提高学习能力，我们很难想象考生的人格会因此发生变化（虽然有的学生会变得更加上进、更加喜欢学习）。实际上在学习的过程中，我们也在悄悄发生改变，在不知不觉中变成与过去不同的自己。

　　比如在我的学生时代，我的恩师就经常这样对我说：

　　"学了这些东西，你就会蜕变成全新的自己。"

　　我非常赞同老师的话。

　　学习新的事物，同时意味着打破过去的自己。相信每个人都有过这样的经历：通过认知自己过去不了解的新事物，我们对世界的看法也会彻底发生改变。这就是"知道"的力量，它可以改变我们看待世界、看待他人和看待自己的眼光。

　　除了认知新的知识，对更日常、更细微的生活经验的耳濡目染也有同样的效果。

　　例如，大家突然获得了一个去国外生活的机会，当我们熟悉了当地的语言和生活习惯后，慢慢就会养成与在日本生活时完全不同的语言和行为习惯。以前，我有过一段在新西兰留学的经历，当时我寄宿在一个新西兰人家里。在那里生活了一段时间后，有时我在做梦或自言自语时都会说英语。而且，等我留学结束回到日本后，我会觉得日本的门把手位置过低，冲泡奶茶的方法也不太对（因为在新西兰，做奶茶时会在杯子中提前准备好牛奶，然后再倒入红茶）。我发现自己对世界的认知与留学之前完全不一样了。

那么这时，从某种意义上来说，我变成了"另一个人"。

体验从未体验过的经历，学习从未学习过的知识，那些经验、知识和记忆上的显著变化，会让我们变成和过去完全不同的"另一个人"。这些变化，我想应该可以看作大脑发生的改变。

那么也就是说，即使不吃聪明药，自己通过努力学习，投身全新的环境，获得与过去完全不同的经验，我们也可以持续发生改变。只要努力学习、积累知识，就会变成和学习前不同的自己，我们的大脑也会发生变化。

某知名论文指出：相比一般人，专业管弦乐器演奏者的大脑有着更特殊的发展方式。例如大提琴演奏者，他们会在重复的练习中一次又一次地确认自己手指的感觉。在磨炼演奏技艺的同时，演奏者的大脑似乎也会发生变化。而普通人坚持每天学习、积累知识也会有类似的作用。所以说，我们完全可以凭借自己的力量来改造、提升自己的大脑。当一个人的大脑发生变化时，他的人格和自我也会随之发生改变。

也可以这样理解：原本我们通过勤奋的练习、学习、积累，让自己蜕变、带动大脑发生改变，而聪明药却给我们提供了一条捷径，让这些改变可以更快地发生。

通过不断地学习和积累新的经验，我们的大脑每天都在发生变化。可为什么由聪明药带来的改变会受到批判呢？

这是围绕聪明药产生的一个颇具争议的问题，各方学者也各自持有不同的观点。

那么，大家怎么看呢？

第4课

—

"聪明药"会让人类
变得更加幸福吗?

在上一节课中，我们讨论了聪明药引发的"人性"问题，包括：实力的含义是什么，努力的意义如何改变，自我认同感是否会受到威胁，等等。

那么，聪明药会对我们的人生、未来以及整个社会带来怎样的影响呢？在本节课中，我想和大家一起，就聪明药带来的公平性问题展开思考。

借助聪明药提高学习效率、技术开发效率等"效率化"行为，能否让人类变得更加幸福？一个有聪明药的未来社会，会有怎样的景象和氛围？接下来，让我们从更宏大的视角来共同感受一番吧。

今天，慧太的同班同学结羽来家里做客了。和慧太一样，结羽将来也想考公立大学，现在正因找不到效率更高的学习方法而烦恼。

结羽　我对"那个东西"也蛮感兴趣的。因为我在学习的时候很容易走神，怎样才能提高学习效率呢？

慧太　也就是说，你想用最短的时间获得最好的学习效果，对吗？

结羽　是的。在学习时集中全部精力，花尽量少的时间学习。剩下的时间就可以用来干自己喜欢的事了，听音乐、看视频等等。如果目前的学习效率能提高的话，用来学习的时间就会缩短，属于自己的时间会相应变长。

慧太 确实可能像你说的那样。但如果一味追求效率的话，那学习不就变得更加无趣了吗？

结羽 现在学习不过是为了应付考试嘛。等真正进入大学之后，再开始认真搞学问也不迟啊。

慧太 倒是也可以这么想……（亲爱的老师们，不好意思啦。）

结羽 再说了，我自己吃那个东西又不会给别人带来困扰，应该没有关系吧？用或者不用都是个人自由，如果要限制，我觉得会侵犯一个人的自主决定权。

这时，阳葵端着茶和点心走了过来。

结羽 嗨，阳葵！又麻烦你了，你今天也很漂亮哟。

慧太 喂，不要打我妹的主意。我可不想和你变成一家人。

阳葵 哥你不要乱说啦！对了，结羽哥，你们刚才是在聊"那个东西"吗？

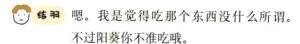

结羽 嗯。我是觉得吃那个东西没什么所谓。不过阳葵你不准吃哦。

慧力 我还是有点不能接受。

结羽 我认为，聪明药有提高学习效率和生产力的作用，是能够给人类带来幸福的东西。回顾过去，科技的进步让人类变得越来越有智慧、生活越来越富裕，总是能给人类带来幸福。比如农业技术、铁路、飞机、互联网等等。就像这些技术可以让我们的生活更加丰富多彩一样，聪明药肯定也能让人类变得更加幸福。

阳葵 啊？还可以这么想吗？

结羽 说不定我们每一个人都能毫不费力地考入理想的大学、找到喜欢的工作呢。你不觉得聪明药给人提供了一个实现自己梦想的机会吗？不管是什么样的人。

那么，大家赞成结羽的观点吗？他的主张可以总结为以下三点：

1 吃聪明药是个人自由，不会给别人带来困扰。如果要对此加以限制，会侵犯一个人的"个人自由"。

<u>2</u> 聪明药可以让我们进入理想的大学或找到喜欢的工作，帮我们实现梦想。

<u>3</u> 聪明药可以提高学习效率，从而增加我们的自由时间，人生更加丰富多彩。个人能力的提升还可以为社会输送更多人才，为社会进步贡献更大的力量。

关于第<u>1</u>点的更多探讨，大家可以查看本节课的后半部分。在那里，我们将就使用聪明药是否属于个人自由、个体使用聪明药是否会对他人和整体社会的自由带来威胁等问题进行更全面的讨论。

第<u>2</u>点在这里不另作解释了。这一点所要表达的意思是：有了聪明药，我们将不再因个人能力不足而放弃理想的学校或梦想的职业。不过，这里会存在一个"人性"的问题，这个问题我们在前面的章节中曾有过详细的讨论。

那么对于第<u>3</u>点，大家如何认为呢？这点是说，聪明药所带来的效率性可以提高我们的QOL（生活质量、人生质量）。而且，聪明药有望量产头脑聪明的优秀人才，从而加速科技的进步。通过提高学习及技术开发的效率和生产力，聪明药有可能让人类生活得更加幸福。

现在，我想就第<u>3</u>点和大家进行更深层的探讨。

◆ "聪明"的工具性价值

不可否认，对人类来说，头脑聪明（认知能力高）具有重要的工具性价值。人类通过发挥聪明才智，发展科学技术，让生活变得更加富裕、更加便利。

我们之所以能有现在的生活，离不开先人凭借智慧创造出的各式各样的技术。农耕技术的飞速发展，使稳定的粮食供给成为可能；铁路、飞机等交通工具的普及，大幅扩大了人类的活动范围；互联网等通信技术的出现，让我们可以与未曾谋面的人交流。如今，我们每天都在享受技术带来的巨大便利。

人类的智慧让我们更加富足和幸福，这点不容争辩。

聪明药可以提高个人的生产力、提升全体人类的智慧，未来我们很有希望过上比现在更加便利、更加富足的生活。

对个人而言，聪明药可以帮助我们提高学习效率、缩短学习时间，让我们把节约下来的时间及精力用在自己更喜欢的事情和对自己有价值的事情上。效率就是一切！

话虽如此，应该还是有人不想要"积极服用聪明药"。我想，这里除了我们刚刚所说的"人性"问题，还涉及"公平性"的问题。

◆ 聪明药可以消除
学习能力差距吗?

阳蔡 可是，我总感觉吃药是一种投机取巧的行为。让人觉得有失公允。

结羽 你是说吃聪明药会让竞争变得不公平，对吧? 我倒是觉得，聪明药反而能帮我们实现公平竞争。

阳蔡 不是吧?

结羽 说起来，人的能力生来就是不平等的。我们在考试时所需要的能力也是如此。你想想看，有的人擅长学习，有的人不擅长学习，有的人容易集中注意力，有的人容易走神，是不是每个人都是不一样的? 在同样的学习时间内，总是有人能取得好成绩，而有的人不能。或许，这就是由于人与人之间先天存在的认知能力差距所造成的吧。自己与生俱来的能力是高是低，从某种意义上来说完全是一种运气。所以，我们姑且称之为"能力抽签"。比如我，我就不擅长数学，所以每次看到能轻轻松松解答数学难题的人，我都会在心里默默感叹"神啊，太不公平了！"也就是说，我没有抽中数学的"能力抽签"，非常遗憾。

慧力 数学的签我也没抽中！

阳蓁 我也没有！

结羽 于是，聪明药应运而生了。假如所有人都能通过聪明药提升脑力，从而轻松答出试卷，结果又会如何呢？如果每个人都变得擅长学习，世界上就不再有学习能力的差距了吧。所以说，聪明药可以让我们起初并不平等的"能力抽签"变得平等，使学习能力差距得到修正。

阳蓁 也就是说，聪明药会帮我们解决先天能力不平等的问题，对吗？

结羽 完全正确！所以我认为，聪明药可以消除我们先天在"能力抽签"中的不平等，让社会变得更加平等。

◆ 聪明药会让社会
变得更平等吗？

如结羽所说，与大家以往的认知不同，使用聪明药或许并非一种"投机取巧"的行为。

世界上有些人天生就拥有卓越的认知能力，他们在学校的考试成绩大概也会比较突出。

类似这样的能力，生来就是不平等的。

我在学生时代曾在课外补习班兼职，那里的讲师经常会这样说："看着这些孩子你就会发现，人与人之间的能力（认知能力）差距真的很大。"当然，这在一定程度上会受家庭环境、学习习惯等因素的影响，但从小学低年级起，在阅读能力、记忆力、理解力以及集中力等方面，个体差异就已经非常明显了。人的能力不是平等的。虽然生命生来平等，但人天生的能力并不平等。

在听完这些话后，也许有些人会感到失落。但是，希望大家不要误会，这里我们所讨论的仅仅是在考试中必需的认知能力，而人类拥有的能力远远不止认知能力这一项。我可以毫不迟疑地说，不管是人生、工作，还是社会的发展，任何事物都不可能单纯靠认知能力发展下去。

回到刚才的话题，即便知道每个人的天赋和才能不平等，但也很少有人会说"有天赋"是一种"投机取巧"。相比之下，似乎大部分人更会因自己没有天赋而自卑，我自己也是如此。我们可以认为，聪明药有望帮人们消除这种能力上的不平等和因此产生的自卑感。

一般来说，对学习能力进行增进性干预的受益者，大多是自身能力水平较低的人，而非能力高的那部分人。

那些原本就具备较高学习能力的人，即使不借助补习班、辅导机构、家庭教师等途径，仅靠自学也能取得好成绩、考上理想的学校。也就是说，补习班和辅导机构的讲义、家庭教师的指导等，都是用来帮助自学有困难的人的手段，目的是追赶那些认知能力原本就很优秀的人。

那么同理，我们是否也可以认为，聪明药只不过是用来帮助能力平平的人追赶认知能力较高的人的方法之一。其实，人类的能力是有上限的。那么，对认知能力本来就高的人（"能力抽签"中奖的人）来说，聪明药或许没有太大的意义。

从这个角度来看，使用聪明药或许只是为了修正个体与生俱来的"能力抽签"，让所有人的能力变得一致，以实现整个社会的能力平等。

◆ 从能力抽签到遗传抽签

然而，之后可能又会出现其他的不平等。

我们假设某款安全性很高的聪明药已经正式问世，而且与补习班、辅导机构一样，作为一种"提升认知能力的增进性干预"在社会上得到了广泛认可。

这时会出现怎样的问题呢？

假设聪明药确实具有消除人们能力差距的功效，

即修正"能力抽签"，但受遗传等因素的影响，有的人吃聪明药有用，有的人吃了或许无效。是否有效要看服药人在遗传方面的运气，也就是说，人们接下来可能要面临"遗传抽签"的问题。

大家可能会觉得，同一种药物不管是谁吃都可以发挥同样的药效，但事实并非如此。每个人对药物的敏感性（药物见效的难易程度）各不相同，具有很大的个体差异性。一种药不可能对所有人都有效，使用该药物会见效或是会带来严重的副作用，要看个人体质，而每个人的体质则是由遗传决定的。

同样，并不是所有人在服用聪明药之后，认知能力都能得到提高。聪明药是否可以发挥药效，取决于个人的体质和遗传运气。那么在这里，由"遗传抽签"带来的不平等就登场了。

当然，可能有些人还会抱有这样的期待：随着时间的推移，聪明药的种类会越来越多，未来可以根据个人的体质量身定做也说不定呢。即便如此，药效具体能够发挥到何种程度，依然存在个体差异性，并非所有人都能得到同样的效果。

无论使用多么高超尖端的科学技术，最终都无法将大自然赐予我们每一个人的偶然因素（如遗传抽签和能力抽签）变得完全一致。

所以有人认为：即便我们可以合理合法地使用聪明药，也没有什么意义。因为它只不过是将过去的

"能力抽签"变成了"遗传抽签"而已，除此之外别无他用。

◆ 激烈的竞争和被迫竞争威胁个人自由

此外，竞争社会中的药物过量和"个人自由"等问题也很令人担忧。举个例子，假设社会上现在出现了一种"安全的聪明药"，只要遵守一定的用法，控制用量，就不会对身体造成伤害。

当面临诸如考试等竞争比较激烈的事件时，如果得知竞争对手正在使用聪明药提升认知能力，那么为了不输给对方，自己必定也会想要用药。而在服药的人当中，想必又会有人为了比其他考生更占优势，而服用更多的药物来辅助学习。

即便药品写明服用多大剂量副作用最小、最能保证安全，还是不排除有人会怀着侥幸心理，觉得"没必要遵守那些规定"。也就是说，纵使能够运用先进的技术生产出"安全的聪明药"，但对于有可能出现的药物过量问题，我们仍然不能掉以轻心。

另外就是自由和被迫的问题。随着聪明药的非凡功效逐渐被人们所熟悉，大家可能会不由自主地想：在参加学校考试或就职考试时，如果不吃点聪明药，似乎会对自己不利。然后，这种认识会逐渐渗透到整个社会中。于是，考生们纷纷开始使用聪明药。直到有一天，在要参加考试或从事脑力劳动时，提前服用聪明药提升脑力会被人们当成一种理所当然。

如果一个人选择吃药是因为觉得"不吃药就赢不了"，我们还能简单地说"吃聪明药是个人自由"吗？就像我们在前面讨论整容的章节中提到的一样，有的人或许最初并不想吃聪明药，但由于身边的人都在吃，自己慢慢也会产生"我也必须要吃了"的念头，或是害怕被人追问"你为什么不吃？"这些都会给本人造成心理负担。因此我们可以想见，很多人可能会迫于周围的压力，在潜移默化的影响下被迫吞下药丸。

那么在这种情况下，个人的自由选择便会威胁到整个社会的自由。

◆ 教育机会的不均衡，使经济差距进一步扩大

而且，聪明药很有可能会导致贫富差距的急剧扩大，在社会中制造更大的不平等。

因为一般来说，更容易接触到新技术的往往是具有一定经济水平的富裕阶层，而新技术又会进一步拉大富裕阶层与无法触及新技术的人群之间的差距。

假如富裕阶层可以借助聪明药提高认知能力，从

而更容易通过考试，那其他阶层（除了认知能力本来就高的人）进入大学等接受高等教育的机会是不是就更少了呢？如果是这样的话，教育机会均等恐怕就难以保证了。

而且，在就业方面，受过高等教育的人比没有受过高等教育的人更容易找到高收入的工作。可以合理猜想，聪明药会导致经济差距的进一步扩大。那么，社会是否会因此变得更加不平等呢？

我认为，社会非常有必要对聪明药加以限制。

现在，再让我们来看看结羽是如何反驳的。

结羽　那如果政府可以根据每个学生的认知能力水平，免费发放相应效果的聪明药呢？这样是不是就能最大限度地实现平等了？虽然并不是每个人吃药之后都可以见效。

慧太　如果说这样做只是为了消除经济方面的不平等的话，我勉强还可以理解。"聪明、认知能力高是十分了不起的，对任何人来说都是幸福的"，如果试图把这种价值观强加给别人，那就要另当别论了。

结羽　是的。如果是那样的话确实蛮可恶的，搞不好还会被人说"不用你多管闲事！"

什么的。

阳葵 似乎智慧万能主义将成为社会主流。但对钢琴家、画家等从事艺术工作、极其感性的人来说，高认知能力反而会压抑他们的创造力和才华的纵深发展吧。而且，聪明的人有可能会过度思考，对本人来说，这未必就是幸福的。

慧力 确实。所以说，你继续保持现状就可以了。

阳葵 不用你多管闲事！

结羽 你们两兄妹关系可真好啊。干脆组个漫才组合吧。

慧力 阳葵 不用你多管闲事！

———

致感到人生艰难的你

在前面的内容中，我们围绕增进性干预展开了诸多思考。增进性干预不仅能改造我们的头脑和身体，还会影响社会以及全人类的未来。

在本节课中，让我们暂且把遥望未来和社会的望远镜放在一边，试着探究一下我们自己的内心世界吧。

现在，让我们把目光从外部的风景、未来的世界转移到自己此刻的内心里，把意识转向自己的肌肤和身体此刻所感受到的这个时代的氛围中。

说不定在那里，又会出现另一番景象。

不过在那之前，请允许我跟大家做最后的分享，让我们进入"私人课程"时间吧。此刻开始，我不再是大学教授或学者，我要代表我个人来和大家谈谈自己的亲身经历。

人们是否可以凭借"个人自由"或"自主决定权"来使用整容技术、兴奋剂、聪明药等，这是我们在之前的内容中一直探讨的问题。

自由主义的伦理观认为，只要不给他人带来伤害（困扰），个人自由就能被允许。因此，只要个人的选择不会对他人造成影响，那么对本人的选择加以限制就属于侵犯个人自由的行为。那是否就可以说，使用增进性干预的相关技术是"个人自由"，并不会给任何人带来麻烦，所以任何人都没有资格批判或限制呢？

一个人出于兴趣使用兴奋剂虽然是一种"个人自由"，但游戏规则却禁止使用兴奋剂，因此，使用兴奋剂又会因违反规则而成为问题。可能有人会觉得，整容和使用聪明药也是"我的自由"。而实际上，这些却有可能威胁到其他人和整个社会的自由。

还有一点，我想再次强调一下。在前面讨论整容的课程中，我曾提出过这样一个问题，大家所认为的"个人自由"真的是"自由"的吗？例如，在那些自以为是按照"个人自由"去做整容手术的人中，有多少人能摆脱现代社会以"外表美"和"年轻"为美的审美标准和价值观，真正"自由"地"自主做决定"呢？

人们之所以想通过增进性干预变得更美、更强、更优秀，与我们在当今社会感觉"生活艰难"有着十分密切的关系。

在写这本书的时候，我不禁回忆起了自己在十几岁、二十来岁时，那些多愁善感的年纪里曾经有过的烦恼和痛苦。对于我来说，青春期既有快乐和美好，同时也不乏感觉"生活艰难"的时刻。

像阳葵一样，为自己的容貌而烦恼；像翔也一样，想要努力克服自己的"能力瓶颈"；又或者像慧太一样，因学习不尽如人意而感到苦闷。我想，大家或许都有过类似的经历。

我在像大家这么大的时候，最令我烦恼的一件事是减肥。

通过减肥，我们可以调整自己的体形和体重。虽然在前面的课程中没有提及，但减肥和整容一样，是我们最熟悉的容貌（身体）改造手段之一。在"美容行业创造的美"的驱使下，除了追求美丽的面容，有些人对纤细的身材也是心驰神往，我自己也是这样。

大家听过"灰姑娘体重"这个词吗？它指的是比自己的标准体重轻10公斤、BMI低于18的"完美体重"。"消瘦、纤弱、激发他人保护欲的女性"，我在不知不觉中将这种被人为塑造的形象内化，并不断否定自己。

◆ 被"他人的声音"填满的身体

从高中时代到20多岁，我曾在吃东西方面一直存在一种难以摆脱的强迫心理。高二之前，我一直都很瘦，朋友们非常羡慕我。但在不知不觉间，我的体重竟然增加了4公斤，校服裙子都要穿不下了。

那时，我人生中第一次产生了减肥的念头。我开始控制自己的饮食，最喜欢的甜品一律不碰，每餐的热量都会控制在400千卡以内，一天的总热量控制在1200千卡以内。我还会详细记录自己吃进嘴里的每一样东西，每天只吃一顿米饭，如果实在饿得吃不消，

是否做增进性干预是个人自由吗?

整容、聪明药影响他人和整个社会的自由。

可以出于个人兴趣使用兴奋剂,但这会违反比赛规则。

你所认为的"个人自由"真的是"自由"的吗?

我必须做第一名!

我一定要美!

就用胡萝卜和萝卜来充饥，严格控制糖分的摄入。

在我的努力下，体重终于降了下来。但是，我在减肥期间的习惯却没有消失。之后的每一天，我几乎每时每刻都在计算当天饮食摄入的热量，然后又因为热量超标终日活在后悔、自责和痛苦之中。有时，我会盯着餐桌上的甜甜圈发呆，心想：忍住，现在不能吃。等明天一早再吃吧，因为到了明天，今天累计的热量就"清零"了。

还有一次，一个朋友对我说："你好像没怎么变瘦呀。"这句话深深地刺痛了我的心。从那之后，我对自己的饮食管理变得更加苛刻了。不过，有时从我的心底会突然冒出来一种冲动，觉得"无所谓了"，接着就是一顿暴饮暴食。然而在吃完东西后，强烈的不安和罪恶感又会立刻占据我的内心，直到把吃掉的食物全部吐出来，我的内心才能恢复平静。这样的场景在我的生活中一遍又一遍地重演着。

我感觉当时的自己似乎有一种强迫心理，觉得"我必须要瘦下来"，然后疯狂地控制自己的饮食和体重。女性必须要美，美丽的女性一定是瘦的，自己必须要变瘦、变美。如果不瘦、不美的话，我该怎么活呢？我每天都活在这样的焦虑和恐惧之中，魂不守舍。只有在阅读我最喜欢的哲学书籍时，才能得到片刻的安宁。

后来，突然有一天（具体是以什么为契机，我已经想不起来了），控制饮食的欲望好像发生了反噬，我开始什么都不考虑，想吃什么就吃什么。这绝对不是破罐子破摔，我也很想继续控制自己的饮食和体重，但是那种"根本控制不住"的无力感却牢牢占据了上风。于是，"你还要吃吗？""你不减肥吗？"这样的话再次向我袭来。或许对于他们来说，这些话只是一种交流、一种调侃，但对我来说，一言一语都像是一场暴力，是对我内心深处对肥胖的恐惧、对体重束手无策的无力和绝望感的重击。

在矶野真穗所写的《减肥幻想》中，有一些话可以精准地描述我当时的心境。

> 我将此理解为"自己的身体被他人的声音所填满"。如果长期沉浸在这种状态里，怎样才能让自己舒适，自己想吃什么，怎样才是吃饱了，这些连小孩都懂的问题自己也会慢慢搞不清楚了。如果随心所欲地吃东西，可能又会变胖，变胖之后耳边又会响起那些令人厌恶的声音，所以，我必须拼死维持自己的体重……只要比别人都瘦，自己才会有自信。接着，填满你身体的不再是他人的声音，而是各种数字。今天的体重、今天摄入的糖分和热量等，这些东西终日占据着你的大脑。这次轮到他人的话从你的世界中消失了。

当时的我，已经完全将"瘦是一件好事"这种观念内化，以至于脑子整个都被朋友的话语和自己"必须要瘦下来"这种强迫心理所填满。最终，这些东西又会被1200千卡、体重秤上显示的数字等所取代。不管别人说什么，那些话都会变成热量或体重，变成一个个我要完成或解决的任务堆积在我的面前。我不停地被"他人的声音"和表情洗脑，它们慢慢侵入我的身体、植入我的大脑，然后盘踞在我的内心不断向我低语。

"你必须要瘦。""你必须要美。""你确定要吃那个吗？"

自己是不是饿了？自己真正想吃的是什么？与其说当时的我搞不清楚这些问题，倒不如说是我选择了无视自己身体的感受。这是因为，如果我完全听从自己的感受随意吃东西的话，很有可能马上又会变胖。

假如此刻的我能乘坐时光机回到过去，我一定要先给小时候的自己一个大大的拥抱。然后我会追问那时的自己：

"你饿不饿呀？现在心情如何？做什么能让你感到幸福呢？"

不过我猜，当时的我肯定已经泣不成声，根本就顾不上回答这些问题，因为我真的忽视自己的感受太久了。

我想，矶野老师有关减肥的看法，在我们处理整容、学习等相关问题时应该也同样适用。"必须要美丽"、"必须要比他人优秀"、体重、成绩，这些"他人的声音"和各种数字正在悄无声息地侵袭着我们的身体和内心。有时，我们甚至都无法辨别，自己脑海里出现的话语究竟是"他人的声音"还是"自己的心声"。因为"他人的声音"早已渗透进我们的内心深处，乃至让我们误以为那是"自己的心声"。

所以，如果你不想再听从"他人的声音"而活，想要获得"自由"，就请拿出时间，耐心倾听"自己的心声"吧。一开始，你可能会害怕面对自己，对倾听"自己的声音"感到恐惧，会觉得自己很陌生。但是，请拿出勇气，轻轻地、温柔地、耐心地问问自己：

"你想怎么做？和什么样的人在一起才会感到开心？什么时候才能感到幸福？"

后记

增进性干预可以改造一个人的头脑和身体，使之变得更好，但同时也会带来很多问题，我们从伦理学的角度出发对这些问题展开了思考。

在任何一个问题上，基于个人自由判断和做出的行为，都有可能脱离个人而对生活在同一个社会上的其他人或是即将出生的未来的人类的生存方式产生影响。

过去，想必很多人都想不到，"个人自由"竟然会对他人的自由、社会乃至整个人类的存续方式产生影响。而且，原本我们自以为是的"个人自由"，事实上并非真正的自由。也许你并不想面对这样的真相，当你得知有人正潜伏在你内心深处对你窃窃私语时，你可能会大吃一惊。

增进性干预让那些我们过去没有意识到的"声音""不自由""现代性"等时代倾向变得更加醒目，为我们提供了一种全新的看待世界的方式。而在认清了这些问题之后，我们又该如何选择才算是"好的"呢？

当今社会，我们时刻都需要面对各种未知的问题。除了本书讨论的这几个主题之外，诸如能够改变人类基因的基因编辑技术、操控人类生死的延命治疗和人类辅助生殖技术，也正在进入人们的视野或已经投入使用。

随着技术的飞速发展，新的问题接连出现。而伦理学的发展速度却滞后于新问题出现的速度，当今的伦理学已无法应对这些新出现的问题。这就是我们现在所生活的时代。

我们该如何看待和定位新兴技术？希望大家能试着找出属于自己的答案。

在伦理学中，比起要知道什么，更需要我们带着问题有意识地去思考。相比找到终极或正确答案，伦理思考更注重的是对何为正确的不断追问，以及对正确性的探究。

接下来，请大家自己提出问题，并用自己的方式去寻找答案吧。

无论是现在或是未来，都有无数的伦理问题在等着大家去思考、去解决。但在把它们当成正式课题开始研究之前，请大家先纵身跳入问题的海洋中吧。在海面畅游，抑或是在海底深潜。在这个过程中，你会惊奇地发现，海洋里原来有这么多自己从未见过的景色。你会看到漂亮的贝壳，还会发现藏在海藻里的鱼。

生命伦理的课程并没有就此结束，而是即将从这里启航。

希望这本小小的书能够成为一名合格的引路人，指引大家通往生命伦理学的世界。

最后，我要对筑摩书房的金子千里女士致以衷心的感谢。感谢您对本书的策划提出的宝贵建议，以及为了让本书能够成功面世提供的所有支持和帮助。

小林亚津子

2022年2月25日